Pocket Power

Christian Malorny
Marc Alexander Langner

Moderationstechniken

Werkzeuge für die Teamarbeit

3. Auflage

W0203225

HANSER

Die Wiedergabe von Gebrauchsnamen, Handelsnamen, Warenbezeichnungen usw. in diesem Werk berechtigt auch ohne besondere Kennzeichnung nicht zu der Annahme, dass solche Namen im Sinne der Warenzeichen- und Markenschutzgesetzgebung als frei zu betrachten wären und daher von jedermann benutzt werden dürften.

Bibliografische Information der Deutschen Nationalbibliothek
Die Deutsche Nationalbibliothek verzeichnet diese Publikation in der Deutschen Nationalbibliografie; detaillierte bibliografische Daten sind im Internet über http://dnb.d-nb.de abrufbar.

Dieses Werk ist urheberrechtlich geschützt.
Alle Rechte, auch die der Übersetzung, des Nachdruckes und der Vervielfältigung des Buches, oder Teilen daraus, vorbehalten. Kein Teil des Werkes darf ohne schriftliche Genehmigung des Verlages in irgendeiner Form (Fotokopie, Mikrofilm oder einem anderen Verfahren), auch nicht für Zwecke der Unterrichtsgestaltung – mit Ausnahme der in den §§ 53, 54 URG genannten Sonderfälle –, reproduziert oder unter Verwendung elektronischer Systeme verarbeitet, vervielfältigt oder verbreitet werden.

© 2007 Carl Hanser Verlag München
http://www.hanser.de

Lektorat: Lisa Hoffmann-Bäuml
Herstellung: Ursula Barche
Layout: Der Buch*macher*, Arthur Lenner, München
Grafiken: Halina Wojtusiak, München
Umschlaggestaltung: Parzhuber & Partner GmbH, München
Umschlagrealisation: MCP • Susanne Kraus GbR, Holzkirchen
Druck und Bindung: Kösel, Krugzell
Printed in Germany

ISBN 978-3-446-41232-3

Inhalt

1 Einleitung

1.1 Mit Moderation zur erfolgreichen Teamarbeit

Für erfahrene Moderatoren, Führungskräfte und Mitarbeiter, die in Teams arbeiten, ebenso wie für den Neuling werden die Grundzüge der Teamarbeit und des Moderierens umrissen und zahlreiche Techniken für unterschiedliche Aufgabenbereiche im Problemlösungsprozess erläutert. Im Sinne eines Werkzeugkastens bietet die systematische Darstellung die heute verfügbaren Techniken zur Problemlösung in Teams an.

Längst ist Teamarbeit zum Standard in Unternehmen geworden. Doch die Erfahrungen sind zwiespältig: Während die einen Teams zu immer neuen Spitzenleistungen gelangen, sind andere Unternehmen von den Ergebnissen enttäuscht. Fast immer ist der Grund in einer unzureichenden Moderation der Teams zu sehen, denn ohne Hilfestellung ist ein strukturiertes, zielgerichtetes Vorgehen der Teammitglieder kaum möglich.

1.2 Aufbau des Buches

Der erste Teil erläutert verschiedene Grundlagen zur Teamarbeit und Moderation von Teams im Rahmen eines strukturierten Problemlösungsprozesses. Ergänzt werden die Ausführungen durch die Darstellung zahlreicher hemmender (Klippen, Hürden, Fallen) und fördernder Faktoren (Katalysatoren), wie sie während der Problembearbeitung in Teams auftauchen können.

Der zweite Teil beschäftigt sich mit den praktischen Techniken für Moderation und Problemlösung. Im Sinne eines Werkzeugkastens werden die einzelnen Techniken hinsichtlich ihrer Zielrichtung systematisiert und ihre Vorgehensweise beschrieben. Die Vorstellung der Moderations- und Problemlösungstechniken erfolgt dabei anwendungsorientiert: Jede Technik wird durch die Unterpunkte „Worum geht es?“, „Was bringt es?“ und „Wie gehe ich vor?“ erklärt. Auf eine betont kurz gefasste Erläuterung wurde geachtet. Damit kann sich der Anwender, entsprechend seiner Aufgabenstellung, sowohl Techniken für einen ganzheitlichen Lösungsprozess im Team zusammenstellen als auch einzelne Methoden zielgerichtet, z. B. zur individuellen Problemlösung, suchen. Ergänzend werden Hinweise gegeben, auf welche Faktoren bei Einsatz der Techniken besonders geachtet werden sollte.

Verwendete Symbole:

 Tipps

 Hürden und Stolpersteine

 Stärken

 Schwächen

2 Grundlagen zur Teamarbeit, Moderation und Problemlösung

2.1 Moderierte Teamarbeit – Denken im Dialog

Im unternehmerischen Alltag spielt das Zusammenarbeiten im Team eine entscheidende Rolle, um Probleme systematisch und nachhaltig zu lösen – besonders im Rahmen des Total Quality Management (siehe Pocket Power „TQM"). Es ist wichtig, dass Teamsitzungen in einer offenen, kreativen Atmosphäre ablaufen, welche die Teilnehmer zu neuen Ideen und Lösungsvorschlägen anregt. Diese Sitzungen bedürfen eines Moderators, der den Prozess der Problemanalyse und Lösungsfindung fördert und auf die Bedürfnisse der Teilnehmer abstimmt.

Die Begriffe *Moderation* und *Moderator* stammen aus dem Lateinischen und wurden vom lateinischen Verb „moderare" abgeleitet, das übersetzt soviel wie „mäßigen", „steuern" oder „lenken" bedeutet.

Im Folgenden werden wesentliche Aspekte der Phasen im Problemlösungsprozess und der Teamarbeit näher beleuchtet und die Funktion und Aufgabe des Moderators dargestellt. Ein Verständnis von Barrieren und Widerständen im Team sowie allgemein von den typischen Phasen einer moderierten Besprechung liefern die Basis für die Anwendung der Moderationstechniken.

2.2 Moderation im Problemlösungsprozess Die (Denk-)Werkstatt als Orientierung

Die einzelnen Phasen im Problemlösungsprozess und ihre jeweiligen Herausforderungen werden im Folgenden vorgestellt.

Phasen im Problemlösungsprozess

Die kontinuierliche Suche nach Ursachen von Problemen ist der Grundgedanke des Problemlösungsprozesses. Der von Deming entwickelte Prozess sieht eine schrittweise Verbesserung vor, die sich in die Aktivitäten Planen (plan), Ausführen (do), Überprüfen (check) und Verbessern (act) untergliedert (Bild 1). Durch ein mehrmaliges Durchlaufen kann das Problem weiter entschärft, Methoden und Maßnahmen können überprüft und Ergebnisse nach jedem Durchlauf standardisiert werden.

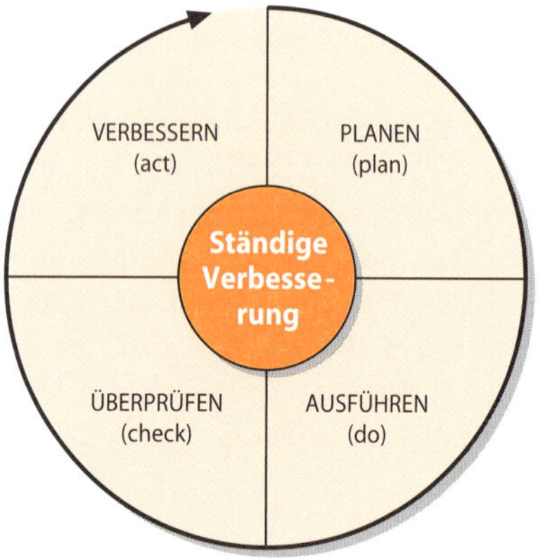

Bild 1: *Zyklus der ständigen Verbesserung*

Plan

- Das entscheidende Problem ist üblicherweise nicht klar ersichtlich, es verbirgt sich hinter einem Berg weiterer Probleme. Umso wichtiger wird es somit, das „richtige Problem" zu erkennen und zu beheben. Eine Situations- bzw. Istanalyse bildet die Basis des Problemlösungsprozesses. In dieser Phase werden systematisch Informationen und Daten über die dem Problem und seinem Umfeld zu Grunde liegende Situation gesammelt. Umfeldfaktoren, die einen direkten oder indirekten Einfluss ausüben bzw. selbst beeinflusst werden können, müssen bestimmt werden. Ergebnis ist eine vereinfachte, modellhafte Darstellung des Umfeldes. Der Festlegung der Betrachtungsgrenzen muss insofern große Bedeutung beigemessen werden, als hierdurch die grundsätzlichen Lösungsmöglichkeiten eingeschränkt werden.
- Im Rahmen einer Zieldefinition erfolgt die Erstellung eines formalen Ziels. Ein solches Ziel besteht meistens aus verschiedenen Unterzielen der beteiligten bzw. betroffenen Personen. Die einzelnen Unterziele dienen der präzisen inhaltlichen Darstellung dessen, was aus Sicht des Einzelnen erreicht werden soll; anders formuliert werden in dieser Phase die Sollvorgaben ermittelt.

Do

- Die meisten Probleme müssen – um beherrschbar zu werden – zunächst strukturiert werden. Dabei sollen Strukturen, Zusammenhänge und/oder Gesetzmäßigkeiten erkannt und definiert werden. Sodann müssen die Problemursachen ermittelt, geordnet und bewertet werden. Der Zusammenhang bei komplexen Problemstellungen droht mit der Zeit unübersichtlich zu werden. Umso wichtiger ist es somit, den aktuellen Stand der Diskussion – sowohl bezüglich ihrer Tiefe als auch ihres Umfanges – transparent werden zu lassen.

- Unter Berücksichtigung der Zielsetzungen und der herausgearbeiteten Problemursachen werden in dieser Phase die möglichen Alternativen zur Problembehebung ermittelt. Um zu verhindern, dass Lösungsansätze stets nur nach althergebrachten Schemata gesucht werden, dienen Methoden der Kreativitätssteigerung dazu, das Team für neue Ansätze zugänglich zu machen. Vorhandene Denk- und Verhaltensstrukturen werden dabei durchbrochen (siehe auch Pocket Power „Kreativitätstechniken“).

Check

- Für die einzelnen Lösungsalternativen werden in der Folge die Konsequenzen bei ihrer Realisation bestimmt. Wenn Erfahrung und praktische Versuche sich als nicht tauglich bzw. nicht durchführbar erweisen sollten, kann auf eine Simulation ausgewichen werden.
- Nachdem die Wirkung der einzelnen Lösungsvarianten ermittelt bzw. erarbeitet worden ist, werden die Ergebnisse im Hinblick auf die Zielsetzung und die Präferenzen der Entscheidungsträger miteinander verglichen und in einer Präferenzordnung der Alternativen zusammengeführt.
- Bei der Auswahl der zu realisierenden Lösungsansätze dient die Präferenzliste in erster Linie als Entscheidungsgrundlage. Weitere, bis hierhin nicht einbeziehbare Kriterien können das Ergebnis modifizieren oder aber auch einzelne Maßnahmen zu einem Bündel zusammenfügen.

Act

- Da der Lösungsprozess kein Selbstzweck, sondern eine sinnvolle und notwendige Aufgabe ist, sei die nun folgende Phase der Realisation nicht nur der Vollständigkeit halber erwähnt. Eine gute Moderation in einer Teamsitzung, in der potentielle Lösungen erdacht werden, sorgt mittels einer Liste klar definierter Aufgaben und Verantwortlichkeiten (mit dazugehörigem Zeitplan zur Realisierung) dafür, dass die beschlossenen Ideen auch umgesetzt werden.
- Aus der Überprüfung der Wirksamkeit der umgesetzten Lösung können sich wertvolle Hinweise für weitere Verbesserungen ergeben. Als vorteilhaft für diese Phase erweist sich eine gute Dokumentation der im Team erarbeiteten Lösungen, um den Entscheidungsprozess und auch die einzelnen Teilschritte nachvollziehbar zu gestalten.

2.3 Der Moderator

Funktion

Dem Moderator kommt eine zentrale Funktion in einer Gruppe zu. Die Moderation dient in erster Linie zur Verbesserung der zwischenmenschlichen Kommunikation. Dennoch darf die Moderation selbst keinen Einfluss auf die inhaltliche Entwicklung eines Gespräches oder einer Diskussion zwischen den Teammitgliedern nehmen. Ein Moderator „coacht" die Teilnehmer und den Kommunikationsprozess. Er sollte sich als Dienstleister verstehen und eine Art „Hebammenfunktion" für neue Ideen entwickeln. Die Richtung der Ideenfindung wird freilich immer von den Teilnehmern bestimmt. Genau in diesem Spannungsfeld zwischen methodischem Steuern und absoluter Neutralität liegt die „Kunst einer guten Moderation“. Diese Aufgabe kann er stets nur mit der Gruppe ausfüllen, nie gegen sie. Somit kommt der Akzeptanz eines Moderators eine entscheidende Rolle zu.

Diese lässt sich im Wesentlichen durch zwei Faktoren beeinflussen:

- durch die *methodische Kompetenz*, die das Beherrschen der einzelnen Techniken beinhaltet;
- zum anderen mittels der *sozialen Kompetenz*, die zur Regelung des Beziehungsgeflechts innerhalb einer Gruppe notwendig ist.

Die Akzeptanz des Moderators durch eine Gruppe wird ohne Frage von noch weiteren Faktoren mitbeeinflusst. Wenn beispielsweise eine große Unsicherheit bezüglich anstehender Veränderungen besteht oder den Teilnehmern der zu erwartende Ausgang der aktuellen Diskussion unbehaglich erscheint, wird die Akzeptanz des Moderators erschwert. Ebenso macht es einen Unterschied, ob die Person des Moderators

- von außerhalb des eigenen Unternehmens kommt,
- aus dem eigenen Unternehmen (aber einer anderen Abteilung) stammt,
- ein Teammitglied der Gruppe ist, das seine übliche Rolle zugunsten der Moderations-Aufgabe temporär in den Hintergrund treten lässt
- oder gar der eigene Chef als Moderator der Gruppe auftritt.

Jede Variante hat ihre Tücken und Hindernisse, ihre Vor- und Nachteile.

Der Moderator agiert in einer Rolle, deren Macht und Einfluß auf der Akzeptanz der Gruppe aufbaut. Der Verfall dieser Akzeptanz führt die Gruppe wahlweise zum Debatierclub oder lässt den Moderator zum Sündenbock verkommen. Akzeptanz gehört zu den wenigen nicht durch Hierarchien anweisbaren Eigenschaften.

Vor- und Nachteile der beschriebenen Varianten:

Der externe Moderator

Vorteil: Ein unternehmensexterner Moderator steht in keinem direkten Abhängigkeitsverhältnis zum Auftraggeber, wodurch es ihm i.d.R. leichter fällt, neutral und unvoreingenommen zu sein. Er bringt den erforderlichen Abstand zur Gruppe mit, ist nicht „betriebsblind" und mit Moderationsmethoden zumeist bestens vertraut. Darüber hinaus hat er Vergleichsmöglichkeiten mit anderen Unternehmen.

Nachteil: Eine externe Moderation ist häufig um einiges teurer als eine interne und erfordert einen deutlich größeren zeitlichen Vorlauf für die Suche und Auswahl eines Moderators, wenn dessen Arbeitsstil zu dem des Teams passen soll. Eine intensive Vorbereitungsphase mit Vorabgesprächen zwischen Moderator und Auftraggeber sowie ggf. den Beteiligten ist notwendig, da ein externer Moderator die betrieblichen Strukturen, die Unternehmenssituation, die Arbeitsabläufe und „Spielregeln" im Unternehmen nicht kennt. Das Wissen um eine „hidden agenda", in der Vergangenheit bereits erfolglos versuchte Lösungsansätze, die Erfahrung einer Gruppe mit externer Moderation oder auch um interne Koalitionen und ihre jeweiligen Interessen kann einen entscheidenden Erfolgsfaktor für eine gelungene Moderation darstellen.

Der Moderator aus dem eigenen Unternehmen

Vorteil: Bei einem „intern externen" Moderator aus dem eigenen Unternehmen (häufig jemand aus einer Stabsstelle wie z.B. der Personalentwicklung) hat man den Vorteil, dass dem Moderator das Unternehmen, die Abteilung, die Inhalte und womöglich der Arbeitsstil einer Gruppe bereits einigermaßen vertraut sind, ohne dass er selbst inhaltlich verstrickt ist.

Nachteil: Auch eine interne Moderation ist nicht vollkommen unabhängig vom internen Auftraggeber und somit dem Verfolgen betrieblicher Ziele. Allerdings ermöglicht das nur *indirekte* Unterstellungsverhältnis einen deutlich offeneren Umgang mit heiklen Themen als bei einer Moderation über ein Teammitglied oder den Vorgesetzten der eigenen Abteilung, daher ist der „Nachteil" hier mit kleiner Einschränkung zu verstehen.

Der Moderator aus dem eigenen Team

Vorteil: Bei einer teaminternen Moderation darf man annehmen, dass dem moderierenden Teammitglied die fachlichen Anforderungen, sozialen Konstellationen innerhalb der Gruppe, charakterlichen Eigenarten der Kollegen und die bisherigen Problemlösungsversuche bestens bekannt sind.

Nachteil: Die Moderation seitens eines Teamkollegen stellt hohe Anforderungen sowohl an das Team als auch an den Moderator, da beide Seiten für einen bestimmten Zeitraum die bisherige und gewohnte Rolle des moderierenden Teammitgliedes „vergessen" müssen. Das klappt nur bei Themen, bei denen wenige Auseinandersetzungen zu erwarten sind bzw. bei Aufgabenbereichen, von denen das moderierende Teammitglied nicht direkt betroffen ist. Andernfalls haben die anderen Teammitglieder (oft berechtigte) Befürchtungen, dass sich der Moderator nicht neutral gegenüber den verschiedenen Sichtweisen und Interessen der Gruppenmitglieder verhält und statt dessen versucht, auf Diskussionsverlauf und Ergebnisse im Eigeninteresse inhaltlich Einfluss zu nehmen.

Teaminterne Moderatoren sind noch weitaus stärker als unternehmensinterne Moderatoren gefordert, vorab ihre Rolle klar zu stellen und sich von impliziten Erwartungen und Vorurteilen der Gruppenmitglieder abzugrenzen.

Der eigene Chef als Moderator

Als Vorgesetzter eines Teams oder einer Abteilung ist es für viele Führungskräfte verlockend, die zu aktuellen Themen, Problemen oder anstehenden Veränderungen einberufenen Meetings und Workshops gleich selbst zu moderieren, mit dem Wunsch, auf geschickte Art und Weise die Befriedigung des Informationsbedürfnisses der Mitarbeiter, erforderliche Zielvereinbarungen, Aufgabendelegation, Konfliktbereinigung und Nähe zu sowie Einbezug von Mitarbeitern miteinander zu verbinden. Denn das kommt ihrem Selbstverständnis eines pro-aktiven, zielgerichteten und gleichzeitig partnerschaftlichen Führungsstils entgegen.

Vorteil: Moderiert der Chef, ist die Entscheidungsbefugnis gleich mit vor Ort . Man kann also „hier und heute" Entscheidungen treffen und muss keine Rücksprache mit höheren Instanzen führen. Der Vorgesetzte kennt seine Mitarbeiter und ihre Arbeitsweise vergleichsweise genau.

Nachteil: Das Problem einer Chef-Moderation liegt darin, dass ein Vorgesetzter häufig zumindest teilweise in bisherige Lösungsversuche involviert war, und manchmal sogar selbst das „Problem" darstellt. Er befindet sich immer im Zielkonflikt zwischen seinen Interessen und denen seiner Mitarbeiter und ist von einer neutralen Grundposition am weitesten entfernt. Die für einen Moderator gebotene inhaltliche Zurückhaltung stellt an ihn hohe Anforderungen. Dieser Doppelrolle als Moderator und gleichzeitig Betroffener gerecht zu werden, ist eine Gratwanderung, die sehr viel Fingerspitzengefühl und Ausbrechen aus alten Gewohnheiten erfordert.

Moderiert der eigene Chef, steht schnell der Verdacht eines Manipulationsversuches bei den Mitarbeitern im

Raum. Außerdem gehen automatisch die üblichen „Spielchen" unter den Mitarbeitern los, d.h. der Wunsch nach Selbstdarstellung, Profilieren vor dem eigenen Chef, „Dem-anderen-eins-auswischen" etc.

Unter solchen Bedingungen sind Offenheit und Ehrlichkeit nur schwer zu realisieren. Da diese jedoch eine wesentliche Voraussetzung für ein kooperatives und konstruktives Arbeiten unter den Beteiligten darstellen, sollte eine Moderation seitens des Chefs nur in Ausnahmefällen in Erwägung gezogen werden.

Persönliche Voraussetzungen

In vielen Moderatorbeschreibungen findet man eine schier unendliche Fülle von Eigenschaften, die ein Moderator mitbringen soll, ja angeblich muss. Menschliche Wärme und Toleranz, soziale Sensibilität, eine positive Grundeinstellung gegenüber Menschen, eine souveräne und ausgeglichene Körperhaltung, Sprachmelodie, Gestik und Mimik, eine schlafwandlerische Methodensicherheit, kompromisslose Neutralität zu jedem Zeitpunkt, ein untrügliches Gespür für Konflikte und Fettnäpfchen, der virtuose Spielwechsel von Sach- zu Meta-Ebene und umgekehrt, die Fähigkeit, Leistungsdruck zu mindern und turbulente und anstrengende Prozess in der Gruppe mit unerschütterlicher Gelassenheit souverän aufzufangen etc.

Die Suche nach solch einem „Übermenschen" ist kurz, da aussichtslos.

Lipp und *Will* (1996) haben in einer Befragung erfahrener Moderatoren und Personalentwickler vier Elemente von „notwendigen, aber nicht illusorischen Anforderungen" identifiziert, die sich ein Moderator durch etwas Übung und Erfahrungsammeln aneignen kann:

1. **Methoden-Know-how:** sicherer und unaufdringlicher Umgang mit den wichtigsten Moderationstechniken
2. **Flexibilität:** keine zu starre Planung von Workshops, da bestimmte Entscheidungen erst in der Moderationssituation getroffen werden können bzw. Anpassung erfordern
3. **Soziales Fingerspitzengefühl:** ein richtiges Gespür für den Zurückhaltungs- vs. Interventionsbedarf in Diskussionen und kritischen Situationen sowie für den sinnvoll dosierten und unterstützenden Einsatz von Visualisierungen
4. **Ein eigener Stil:** keine mühsam antrainierten und aufgesetzten Verhaltensweisen, sondern ein authentischer und zu der Person passender Umgang mit den Moderationstechniken

Wer als Moderator noch nicht besonders erfahren ist, startet am besten mit kleinen Moderationsaufgaben (z. B. im Rahmen von Teambesprechungen), um Sicherheit im Umgang mit Basismethoden zu gewinnen und festzustellen, ob er sich in der Rolle des Moderators wohl fühlt.

2.4 Das Team

Barrieren bei der Teamarbeit

Bei der Einführung von Teamarbeit werden regelmäßig Hemmnisse beobachtet, die das Können, Wollen und Dürfen betreffen. Viele dieser Hindernisse erschweren gleichermaßen die Moderation von Teambesprechungen und Workshops. Hier sollte der Moderator zusammen mit den entsprechenden Führungskräften außerhalb des eigentlichen Arbeitens mit der Gruppe Dürfensbarrieren (Bild 2) aus dem Weg räumen, Könnensbarrieren (Bild 3) beispielsweise durch das Anregen von Schulungen und Trainings begegnen und Wollensbarrieren (Bild 4) in persönlichen Gesprächen mit den Mitarbeitern entgegenwirken. Als externer Moderator ist eine solche Aufgabe natürlich nur in engen Grenzen wahrnehmbar. Ein externer Moderator kann aber bei der Vorbereitung einer Workshop-Moderation durch eine Zielgruppenanalyse im Vorhinein und die Abstimmung seiner Methoden zumindest einigen Barrieren entgegenwirken (siehe Kapitel *Der Moderationsablauf*).

Kommunikationsmuster

Sitzungs- und Workshopteilnehmer lassen sich grob in acht Kategorien einordnen, die sich jeweils durch verschiedene Kommunikationsmuster auszeichnen. Dem Moderator eines Team hilft es, diese Kommunikationsmuster zu berücksichtigen. Zu den Kategorien gehören:

1. der *positiv eingestellte Teilnehmer*
2. der *Redselige*
3. der *Dickfellige*
4. der *Streitsüchtige*
5. der *Alleswisser*
6. der *Ablehnende*
7. der *Erhabene*
8. der *Ausfragende*

Während der Moderator den *Positiven* zur konstruktiven Mitarbeit anregen sollte, muss der *Redselige* bei Bedarf geschickt in seinem Redefluss unterbrochen werden. Während der *Dickfellige* zur Teilnahme an der Diskussion durch provokante Fragen animiert werden muss, darf dem *Streitsüchtigen* nicht der Raum für Kleinkriege gelassen werden.

Bild 2: *Dürfensbarrieren in der Teamarbeit*

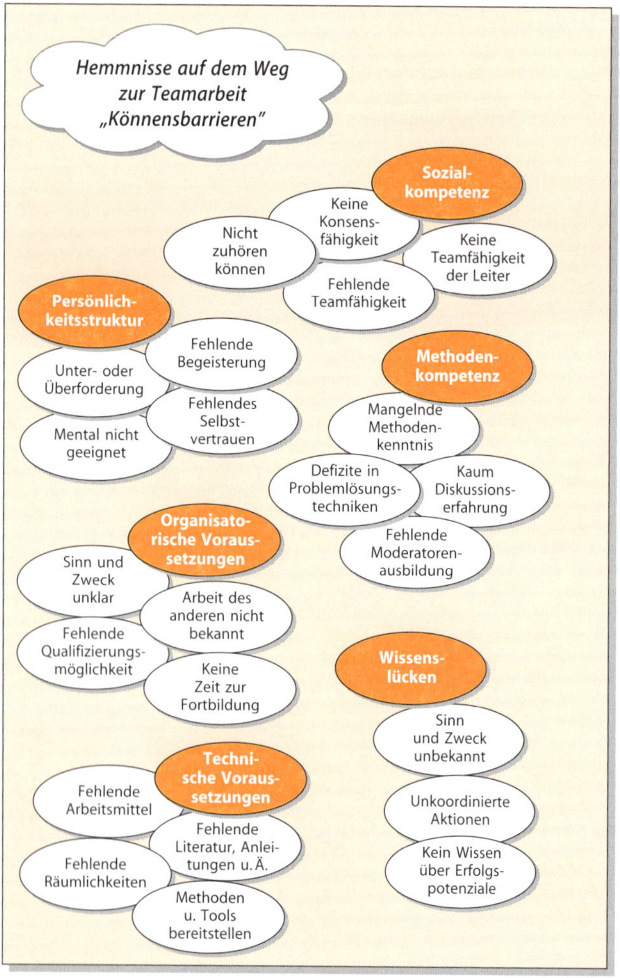

Bild 3: *Könnensbarrieren in der Teamarbeit*

Bild 4: *Wollensbarrieren in der Teamarbeit*

Der *Alleswisser* sollte daran gehindert werden, anderen das Wort zu nehmen, und der *Ablehnende* sollte zu positiven und konstruktiven Ideen angeregt werden. Der *Erhabene* muss sich Gedanken über die aktuellen Probleme machen, und der *Ausfrager* soll auch selbst Farbe bekennen und eigene Meinungen äußern. Hierzu dienen insbesondere die *Fragetechniken* des Moderators.

Widerstände und Ängste

Menschen haben eine unterschiedliche Kapazität, sich mit Unbekanntem zu beschäftigen. Ab einem bestimmten Punkt neigt jeder Mensch dazu, sich nicht mehr mit einem Problem oder einer Herausforderung beschäftigen zu wollen. Es werden dann häufig neue Bedürfnisse wie Hunger/Durst entwikkelt, um von dem eigentlichen Thema abzulenken. Ebenso erzeugen Befürchtungen und Ängste Widerstände. Auf diese Widerstände muss ein Moderator eingehen.

Menschen arbeiten zwar offiziell „kopfgesteuert", also „rational", in der Realität, und hier besonders in der Zusammenarbeit mit anderen Menschen in einem Team, spielt aber die emotionale Ebene eine sehr wichtige Rolle. Das muss ein Moderator berücksichtigen. Das Arbeiten mit der Zukunft, dem Neuen, Unbekannten erzeugt bei fast allen Menschen Ängste. Auch die Befürchtung oder Erwartung negativer Konsequenzen aus einem Workshop bzw. einer Besprechung für die eigene Arbeit kann zu Angstreaktionen führen. Ebenso die Angst, Fehler zu machen oder sich eine Blöße zu geben kann Menschen in Gruppensituationen dazu bringen, jede ihrer Äußerung zuerst durch einen dicken Filter sozialer Abwägungen und Vorsichtsmaßnahmen laufen zu lassen.

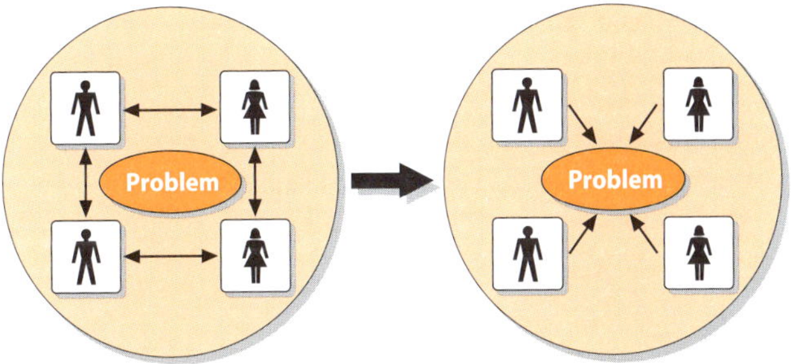

Quelle: Linneweh, K.: Kreatives Denken, Rheinzabern 1984.

Bild 5: *Status- versus problemorientiertes Gespräch*

Aus den Ängsten resultiert besonders zu Beginn der Teamarbeit eine statusorientierte Kommunikation. Die Aufgabe eines Moderators ist es, diese Statusorientierung abzubauen und dafür eine problemorientierte Offenheit zu fördern (Bild 5).

Dafür stehen dem Moderator wiederum einige Techniken bzw. Beeinflussungsmöglichkeiten zur Verfügung. Er kann z. B. bei „heiklen“ oder vertraulichen Themen die Arbeit vom Plenum in *Untergruppen* verlagern, da dort offenherziger gesprochen und schweigsame Teilnehmer besser integriert werden können. Er kann aber auch durch schriftliches Abfragen bzw. Sammeln von Themen und Ideen dafür sorgen, dass sich die Teilnehmer auch im Plenum „gleichberechtigt-anonym“ einbringen können (siehe hierzu die Technik *Kartenabfrage*).

Sind die Widerstände der Teilnehmer so ausgeprägt, dass sie eine spürbar angespannte Atmosphäre in der Gruppe verursachen, kann ein direktes Ansprechen und eine Klärung der Situation sowie ihrer Ursachen Wunder wirken und den

Grundstein zur Etablierung einer offenen und konstruktiven Diskussion bilden.

Die Kunst ist es, als Moderator möglichst frühzeitig einzuschätzen, ob starke Ängste und Widerstände in einer Gruppe vorherrschen, und im Bedarfsfall darauf einzugehen.

Frühindikatoren für Widerstände und atmosphärische Störungen sind in Bild 6 dargestellt.

Als Hauptregel für den Moderator von Teamsitzungen gilt:

- Störungen haben Vorrang

Störungen blockieren den Kommunikationsprozess und behindern die Sitzung. Eine vorrangige Beseitigung der Störungen ist sinnvoll, um eine dauerhafte Beeinträchtigung der Teamarbeit zu verhindern.

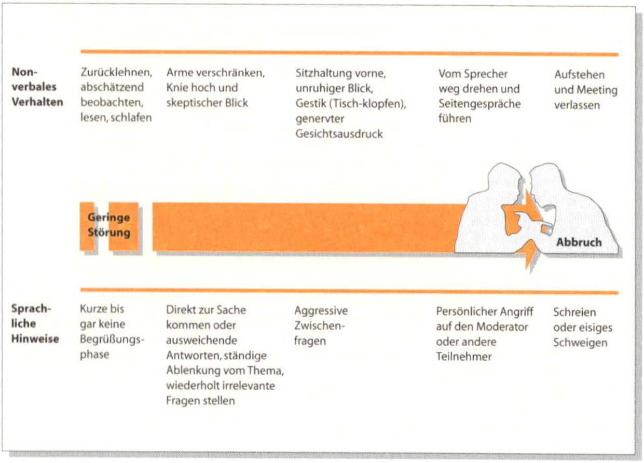

Bild 6: *Frühindikatoren für Widerstände und atmosphärische Störungen*

Wahrnehmung

Der Moderator sollte gut zwischen *wahrnehmen, vermuten* und *bewerten* unterscheiden können. Die meisten Missverständnisse und Probleme in der menschlichen Kommunikation entstehen dadurch, dass man die Vermutungen über die Wirklichkeit nicht von der Wahrnehmung selber unterscheidet. Diese Vermutung wird dann meist automatisch zu einer Bewertung.

Um sich der subjektiven Qualität der Wahrnehmung, Vermutung und Bewertung bewusst zu werden, machen Sie eine kleine Übung:
Stellen Sie sich vor, Sie halten einen Kurzvortrag zu einem wichtigen Themenpunkt und sehen Teilnehmer stumm mit verschränkten Armen sitzen und zum Fenster hinaus schauen. Da Sie vermuten, dass diese das Thema ablehnen, bewerten Sie die Situation folgendermaßen: „Ich referiere über ein spannendes Thema – also ärgere ich mich über dieses beleidigende Desinteresse." Kennen Sie diese Gedanken? Ihre Reaktion ist wahrscheinlich, dass Sie versuchen, sich Ihre Frustration nicht anmerken zu lassen und sich auf die Teilnehmer zu konzentrieren, die wenigstens zuzuhören scheinen.

Drei andere Vermutungen könnten aber lauten:

1. Die Teilnehmer sind müde,
2. sie sind durch die Flut an Informationen überfordert,
3. oder sie sind gelangweilt.

Die möglichen Bewertungen bzw. Konsequenzen wären dann wie selbstverständlich:

1. Eine Pause ist fällig,
2. den Teilnehmern muss mehr Zeit zum Verständnis eingeräumt werden,
3. oder ich muss den Vortrag spannender gestalten.

Ebenso wie das nonverbale Verhalten anderer Menschen höchst unterschiedliche Interpretationen zulässt, besteht auch eine verbale Äußerung immer aus mind. vier Teilaspekten: Sachinhalt, Appell, Beziehung und Selbstoffenbarung.

Beispiel: Der Kommentar eines Sitzungsteilnehmers „Es ist bald Essenszeit!" kann folgendermaßen analysiert werden:

Sachinhalt:	„Bald ist Essenszeit."
Appell:	„Beende endlich die Sitzung!"
Beziehung:	„Du brauchst meine Hilfestellung, um Zeiten einzuhalten."
Selbstoffenbarung:	„Ich habe Hunger."

Als Moderator hilft es Ihnen, diese Ebenen zu unterscheiden, da Sie sich dann aussuchen können, auf welches „Ohr" Sie hören und somit auf welche Weise Sie reagieren möchten. Derartige Übungen können natürlich auch mit den Teilnehmern gemacht werden, um ihnen zu verdeutlichen, auf welche Weise Missverständnisse, verärgerte Reaktionen oder Streitigkeiten zustandekommen können.

2.5 Der Moderationsablauf

Der Moderationsprozess lässt sich grob in drei übergeordnete Phasen einteilen (siehe Bild 7): Vorbereitung, Durchführung und Nachbereitung. Die Durchführungsphase untergliedert sich nochmal in sechs Unterphasen: Einstieg, Problemfokus, Ideen-/Maßnahmengenerierung, Maßnahmenbewertung, Maßnahmenplanung und Abschluss. Die mittleren vier Kernarbeitsphasen funktionieren nach der Logik des *pdca*-Modells (siehe Kapitel 2.2).

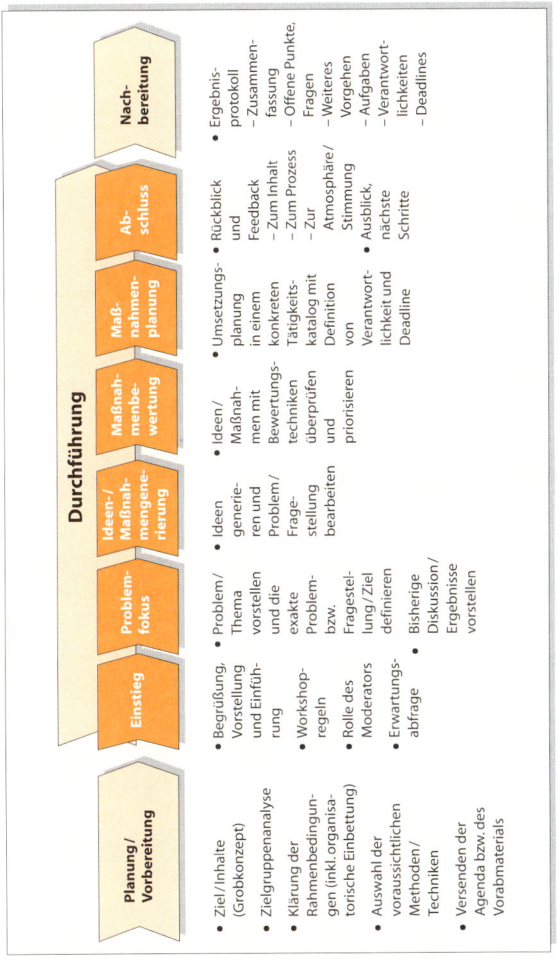

Bild 7: *Die sechs Phasen des klassischen Moderationsprozesses*

Vorbereitung

Eine gute Planung und Vorbereitung einer moderierten Besprechung oder eines Workshops ist bereits die „halbe Miete". Planung sollte aber nicht verwechselt werden mit einem starren Vorab-Festlegen aller Inhalte und Methoden, denn es gibt wenig, was die Arbeit so einengen kann wie ein Moderations-"Drehbuch", das nicht mehr zur Besprechung passt. Flexibilität ist notwendig, um bedarfsweise auf sich ändernde Situationen, Inhalte, Gruppenkonstellationen etc. eingehen zu können.

Zur Vorbereitung sollte sich der Moderator nicht nur über das Ziel der Teamarbeit, sondern auch über die Zusammensetzung der Gruppe und einige organisatorische Fragen im Klaren sein, um Verzögerungen und Störungen möglichst wenig Raum zu lassen. Hilfreiche Leitfragen sind dabei:

- WAS? - Thema und Zielklärung der Moderation
  Wie lautet das Gesamtthema? In welche Einzelthemen lässt sich das unterteilen? Was ist der Anlass? Welche Problemhistorie liegt ggf. vor? Welche Ziele sollen erreicht werden? Woran lässt sich der Erfolg bemessen?
- WER? – Interessengruppen, Personen
  Wie ist die Gruppe zusammengesetzt? (Oder bei teaminterner Moderation: Wen muss ich einladen?) Welche Funktionen, Hierarchieposition und Entscheidungskompetenzen haben die Teilnehmer? Welche Interessen (auch außerhalb des Teams im Unternehmen) und welche Einstellungen zum Thema liegen aller Wahrscheinlichkeit nach vor? Welche Konflikte können auftreten? Welche Vorinformationen haben die Leute? Welche Erfahrungen allgemein mit Moderationsmethoden (Neulinge vs. schon von Moderation "übersättigte" Teilnehmer)?

- WOMIT? –Verfügbare Ressourcen
  Wo soll die Besprechung/ der Workshop stattfinden? Gibt es dort die nötige Ausstattung (Stühle, Tische, verschiedene Arbeitsräume, Medien wie Flipcharts, Pinwände, Tageslichtprojektor, Material etc.)?
- WANN? – Termine und Zeitplan
  Die Erstellung eines Zeitplans ermöglicht einen Überblick über den zeitlichen Handlungsspielraum, notwendige bzw. sinnvolle größere Pauseneinheiten und die Abwechselung zwischen verschiedenen Arbeits- und Auflockerungsphasen.
- WIE? –Implikationen der obigen Erkenntnisse für die Sitzung bzw. den Workshop
  Welche Informationen fehlen mir noch? Mit wem muss ich ggf. noch Vorabgespräche führen? Welche Vorab-Unterlagen lasse ich den Teilnehmern zukommen? Wie wähle ich den Einstieg in das Thema (Präsentation von Umfrage- oder Zwischenergebnissen? Expertenvortrag? ...?) Welche Moderationsmethoden und -schritte machen Sinn? Was ist das Ziel der einzelnen Schritte? Wieviel Zeit veranschlage ich dafür? Wie sieht meine Agenda aus?

• Eine gute Vorbereitung wird von Ihnen als Moderator erwartet und ist Ausdruck Ihrer Wertschätzung für die Teilnehmer. Beachten Sie aber bitte: Methodische „Feuerwerke" sind eher hinderlich und unangemessen. Eine „gesunde Dosierung" der eingesetzten Methoden vermeidet Überforderung und Abnutzungserscheinungen bei den Teilnehmern. Nicht die Methode sollte im Vordergrund stehen, sondern die Inhalte, die Zielerreichung, die Zusammenarbeit und die Ergebnisse des Teams.

- Die organisatorische Vorbereitung einer Teamsitzung umfasst auch das Präparieren des Sitzungsraumes. Die benötigten Materialien und die Technik sollten vorhanden (siehe auch Bild 8), die Sitzordnung geplant sein, wenn nötig Getränke und Kekse bereitgestellt werden. Als Sitzordnung für Teams haben sich besonders die u-förmigen Anordnungen bewährt, beispielsweise der Halbkreis. Diese Anordnungsformen unterstützen die Kommunikation, da sich die Teilnehmer einander gegenübersitzen.

Material-Checkliste

Materialart	**Empfehlung**
Packpapier (125×150 cm für übliche Stellwandgröße), (Anzahl Bögen pro Tag/Teilnehmer)	*3 Bögen*
Karten (10×21 cm) in 4 Farben und Formen (pro Tag/Teilnehmer)	*80 Karten*
Überschriftenstreifen (pro Tag/Teilnehmer)	*2 Streifen*
Filzschreiber schwarz, dick (pro Tag/Teilnehmer)	*1 Stück*
Filzschreiber in 3 Farben, dünn (pro Tag/Teilnehmer)	*0,25 je Farbe*
Klebestift (pro Teilnehmer)	*1 Stück*
Klebepunkte (für Bewertung) in 2 Farben (pro Tag/Teilnehmer)	*50 Klebepunkte*
Stellwände	*12 Stück*
Scheren, Nadeln, Tesa-Krepp	*nach Bedarf*

Quelle: Klebert, K.: Moderationsmethode, Hamburg 2006.

Bild 8: *Material-Checkliste*

Durchführung

Die Durchführungsphase umfasst die tatsächliche Moderationssituation vor einer Gruppe und besteht aus sechs Subphasen (siehe Bild 7).

Einstieg

Der Einstieg dient in erster Linie dazu, auf der sozialen Ebene Kontakt (ggf. auch unter den Teilnehmern) herzustellen, die Erwartungen der Teilnehmer an die Sitzung bzw. den Workshop zu klären, sowie die Zeiten- und Pausenregelung und die „Spielregeln" für die Zusammenarbeit zu definieren. Spielregeln sind ein Mittel, um störendes Verhalten während des Meetings einfach und direkt ansprechen und abstellen zu können.

Die Spielregeln kann der Moderator vorschlagen. Am Anfang reichen drei oder vier klare Regeln, andernfalls entsteht bei den Teilnehmern leicht der Eindruck von Bevormundung und „Regulationswut". Typische Regeln sind z. B.:

- Handy/ Blackberry aus! (außer in den Pausen)
- Ausreden lassen!
- Zuhören!
- Wir fassen uns kurz!
- Es gibt weder dumme Fragen noch unwichtige Beiträge!

Zusätzlich kann der Moderator die Gruppe fragen, ob die Redezeit pro Beitrag begrenzt werden soll oder ob es einer Rednerliste für die Beiträge bedarf. Wenn sich die Gruppe untereinander schon kennt, weiß sie selbst am besten, ob eine derartige Regelung vorab notwendig ist.
Gleichgültig welche Regeln auch aufgestellt werden, der Moderator ist (vor allem zu Anfang) aufgefordert, streng auf ihre Einhaltung zu achten und im Bedarfsfall gegenzu-

steuern. Das geht am besten über die Aufnahme des Blickkontaktes, das namentliche Ansprechen des Störenfriedes und die freundliche aber bestimmte Unterbrechung mit dem Erinnern an die Regel.

Weiterhin ist es in dieser Phase wichtig, die Rolle des Moderators für alle Teilnehmer zu klären. Jedem Teilnehmer sollte klar sein, für welche Aufgaben der Moderator zuständig ist und für welche nicht. Das vermeidet falsche Erwartungen, Hoffnungen oder auch Befürchtungen der Teilnehmer, die den Moderator z. B. als verlängerten Arm des Chefs (oder gar als dessen „Kampfhund") auffassen.

Problemfokus

In der zweiten Phase wird den Teilnehmern der vorläufige Stand des Problems ins Bewusstsein gerufen (z. B. durch eine Präsentation der bisherigen Ergebnisse und Diskussionen zum Thema, Kurzreferate von Erfahrungsträgern oder durch eine Postersession). Hier gilt der Grundsatz: Informieren ohne zu erschlagen! Die Teilnehmer brauchen nur soviele Informationen, wie nötig ist, um in der Besprechung oder im Workshop qualifiziert mitarbeiten und entscheiden zu können.

Das Ziel dieser Phase ist es, die Teilnehmer auf einen einheitlichen Mindest-Informationsstand zu bringen und einen

Das Ziel sollte positiv und konstruktiv formuliert werden, damit es zur Weiterarbeit anregt und nicht schon zu Anfang einige Teilnehmer auf der Strecke lässt. Eine Atmosphäre der Zuversicht und das „Wir können das schaffen!"-Gefühl bieten ideale Startvoraussetzungen für die nachfolgenden Kernarbeitsphasen.

Konsens mit ihnen über das zu bearbeitende Ziel zu erarbeiten. Hilfreich sind hierzu die *Fragetechniken* und die *Zielanalyse.*

Ideen-/Maßnahmengenerierung

Nachdem das Ziel für die weitere Arbeit mit allen vereinbart wurde, beginnt die Phase der Ideen- bzw. Maßnahmengenerierung. Diese Phase beinhaltet die eigentliche Suche nach Problemlösungen. Entsprechend sind hier die Suchtechniken (z. B. *Brainstorming, Ursache-Wirkungs-Diagramm, Baumdiagramm)* hilfreich.

Ziel dieser Phase besteht darin, am Ende eine Liste mit sortierten Ideen zu erhalten. Als Basiswerkzeug der Moderation stehen vor allem für diese Phase das Brainstorming, die Kartenabfrage, die Zurufliste und Fragetechniken unterstützend zur Verfügung.

Maßnahmenbewertung

Die vierte Phase der Maßnahmenbewertung wird bewusst von der der Ideengenerierung getrennt, da andernfalls der kreative Ideenfluss gehemmt wird. Hier werden die Ideen und Maßnahmen mittels Bewertungstechniken (z. B. *Punktbewertung, Kosten-Nutzen-Analyse, Paarweiser Vergleich* etc.) priorisiert.

Ziel ist es, eine Rangliste der wichtigsten und für die Weiterarbeit viel versprechendsten Ideen zu bekommen.

Maßnahmenplanung

Leider ist es mit einer schönen Liste guter Ideen noch nicht getan, auch wenn ein Team an dieser Stelle häufig bereits stolz auf die Ergebnisse der Ideengenerierung und Priorisierung ist und das Gefühl hat, dass die Arbeit im

Grunde schon getan ist. Wenn eine Moderation an dieser Stelle aufhört, passiert mit den Ideen und Maßnahmen das gleiche wie mit den guten Vorsätzen zum Neuen Jahr. Die Euphorie verfliegt nach kurzer Zeit, die tollen Ideen geraten in Vergessenheit oder werden stillschweigend begraben.

In der Phase der Maßnahmenplanung müssen daher die Lösungsansätze nun in einen konkreten Tätigkeitskatalog überführt werden, der glasklare Verantwortlichkeiten, Endprodukte und Deadlines beinhaltet und somit die Ergebnisse „personifiziert": Wer muss was bis wann erarbeitet und an wen die Ergebnisse weitergeleitet haben? Nur so erhöht sich die Überlebens- und Umsetzungswahrscheinlichkeit von Beschlüssen signifikant. Die Vereinbarung eines solchen abschließenden *Tätigkeitskataloges* gehört zu den elementaren Basistechniken der Moderation.

Abschluss

In der Abschlussphase erfolgt ein Rückblick sowohl auf den Prozess als auch auf die Inhalte, Ergebnisse und die persönliche Stimmung bzw. Zufriedenheit der Teilnehmer.

Der Ausblick, wie mit den Ergebnissen verfahren wird und was die nächsten Schritte sein werden, darf ebenfalls nicht fehlen.

Nachbereitung

Die Nachbereitung einer Besprechung oder eines Workshops dient dazu, die zentralen Ergebnisse, beschlossenen Maßnahmen und offengebliebenen Punkte in Form von Protokollen, Tätigkeitskatalogen etc. den Teilnehmern *zeitnah* zukommen zu lassen. Auch ein Fotoprotokoll mit den wichtigsten Pinwand- oder Flipchart-Visualisierungen kann dabei helfen, Einzelheiten wie z. B. Ideensammlungen später einmal nachzuschlagen.

Wer alles die Dokumentation bekommt, sollte bereits im Vorhinein mit den Teilnehmern geklärt sein. Oftmals sind auch Nachbarabteilungen, hierarchisch hoch stehende „Projekt-Förderer" oder andere Instanzen in einem Unternehmen an Inhalten und Details zu Beschlüssen interessiert, die in der Sitzung oder dem Workshop erarbeitet wurden. Daher kann auch eine zweifache Dokumentation in Erwägung gezogen werden: eine für die Teilnehmer und eine gekürzte Fassung für Außenstehende. Ein Verzicht auf Dokumentation führt unweigerlich zum Verzicht auf das Erarbeitete.

3 Werkzeugkasten

Die im Folgenden beschriebenen Techniken werden ihrer Funktion entsprechend in diesen fünf Kategorien zusammengefasst:

- Grundlegende Basistechniken (s. S. 36)
- Analyse- und Aufbereitungstechniken (s. S. 58)
- Suchtechniken (s. S. 77)
- Prognosetechniken (s. S. 86)
- Bewertungstechniken (s. S. 92)

Innerhalb der Kategorien werden die Techniken ihrer alphabetischen Reihenfolge nach erläutert. Die gezielte Suche nach einzelnen Werkzeugen zur Anwendung in der Teamarbeit soll so erleichtert werden.

3.1 Grundlegende Basistechniken

Die wichtigsten Grundprinzipien für eine gute Moderation unabhängig von der Zusammensetzung der Teilnehmer und den Zielen und Inhalten sind:

1) Konsequente Visualisierung
2) Teilnehmeraktivierung
3) Positive Atmosphäre

Sie sind Katalysatoren des Erfolgs von Besprechungen und Workshops. Entsprechend zielen die Basistechniken, die ein Moderator auf jeden Fall beherrschen sollte, darauf ab, diese Grundprinzipien direkt oder indirekt zu unterstützen.

Warum Visualisierung?

Die gebräuchlichste Art der Kommunikation ist die Sprache. Mit wachsender Gruppengröße und komplexeren Sachverhalten wird es jedoch für alle Beteiligten zunehmend schwieriger, den Überblick über den bisherigen Verlauf und Erkenntnisstand zu behalten. Die Visualisierung bietet somit eine ideale Ergänzung. Neben die Stimme-Ohr- tritt die Bild-Auge-Beziehung. Die Teilnehmer werden in ihrer Konzentration nicht dadurch eingeschränkt, dass sie sich alle Argumente und Ergebnisse merken müssen, sondern sie können sich voll auf die aktuelle Diskussion einlassen. Erklärungen und Wiederholungen erübrigen sich, da durch die Visualisierung alles dokumentiert wird. Die laufende Diskussion erfährt so eine deutliche Versachlichung.

Im Ergebnis verbessert die Visualisierung die Übersichtlichkeit und dient dabei auch der Erhöhung der Aufnahmekapazität der Teilnehmer. Wesentliches lässt sich leichter von Unwesentlichem trennen. Dies spielt vor allem für die Merkfähigkeit eine große Rolle. Die im Kurzzeitgedächtnis gespeicherten Informationen werden innerhalb von Minuten wieder gelöscht; um so entscheidender wird es also, die wichtigen Informationen in das Langzeitgedächtnis hinüber zu retten (Bild 9).

Tipps zur Visualisierung

Für die *Anordnung und Optik* von Tafelbeschriftungen hat sich der Einsatz verschiedener Farben und Formen bewährt. Karten, z. B. aus Karton in verschiedenen Formen – eckig, oval und rund – sowie Farben – Weiß, Grün, Rot und Gelb –, ermöglichen den Aufbau eines übersichtlichen Tafelbildes, das auch der Bedeutung einzelner Punkte durch optische

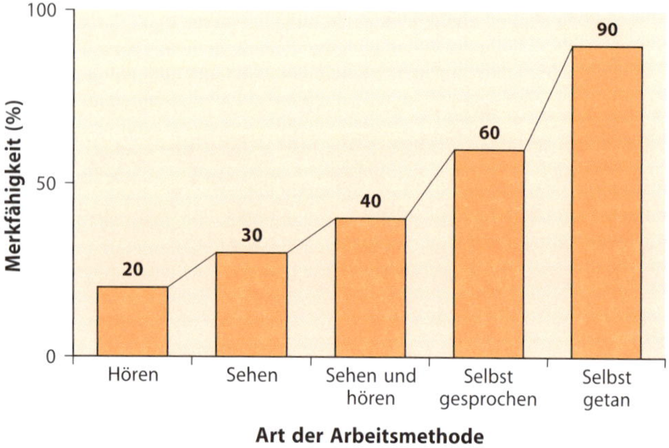

Quelle: Donnert, R.: Am Anfang war die Tafel ..., München 1990.

Bild 9: *Merkfähigkeit in Abhängigkeit von der Arbeitsmethode*

Hervorhebung gerecht werden kann. Sinnvollerweise sollten zwei *Schriftgrößen* verwendet werden. Beispielsweise können dickere Filzschreiber (Schriftgröße 5 cm) für Überschriften und Betonungen und dünnere Filzschreiber (Schriftgröße 2,5 cm) für einfachen Text eingesetzt werden. Bei normalen Gruppen- und Arbeitsraumgrößen (max. Entfernung zur Tafel 10 m) ermöglicht diese Schriftgröße ein angemessenes und gut lesbares Schriftbild. Das Auge kann am besten ein *Schriftbild* in *Druckbuchstaben* erfassen.

3.1.1 Blitzlicht

WORUM GEHT ES?

Die Blitzlichtmethode beinhaltet eine „Momentaufnahme" und dient dem schnellen, kurzen und unkomplizierten Erfassen von Meinungen, Feedback, Wünschen oder Erwartungen unter den Teilnehmern.

WAS BRINGT ES?

Diese Technik kann jederzeit zwischendurch zur Situationsbilanz eingesetzt werden, z. B. um ein kurzes Feedback zur Stimmung in der Gruppe oder ein umfassendes Meinungsbild aller Teilnehmer zu erhalten (gerade in Diskussionen mit „Vielrednern" und zurückhaltenden Teilnehmern). Bei mehrmaligem Einsatz dient die Technik auch dazu, Verläufe sichtbar zu machen.

WIE GEHE ICH VOR?

1) Der Moderator formuliert eine offene Frage, z. B. „Was denken Sie im Moment über die gefundenen Lösungen?"
2) Jeder Teilnehmer erhält reihum die Möglichkeit zu einem persönlichen Statement, in dem er seine Gefühle und Meinung zur aktuellen Diskussion äußert. Als Regel gilt: Jeder gibt kurz und knapp Auskunft, am besten nur in einem Satz. Keine ausschweifenden Erklärungen! Außer akuten Verständnisfragen sind keine Rückfragen, keine Stellungnahmen, Kommentare, Bewertungen oder Diskussionen erlaubt. Der Moderator muss sofort diejenigen Teilnehmer unterbrechen, die diese Regel missachten.
3) Sofern das Ergebnis des Blitzlichts einen Diskussionsbedarf signalisiert, sollte der Moderator den Sitzungs-Ablauf unterbrechen und in einer Diskussionsrunde die Hemmnisse und Blockaden behandeln und ausräumen bzw. mit der Gruppe das weitere Vorgehen abstimmen.

Das Vorgehen ist einfach, leicht verständlich und schnell. Alle Teilnehmer werden integriert, auch die, die sonst nichts sagen. Dominierende Diskussionsteilnehmer werden durch die begrenzte Redezeit und die Regeln etwas gebremst.

Auf Begründungen der jeweiligen Meinung wird notwendigerweise verzichtet. In bestimmten Situationen (z.B. wenn ein Stimmungsbild überraschend negativ ausfällt) muss daher im Anschluss ggf. eine längere Diskussion zur Klärung angehängt werden.
Teilnehmer, die auch im Blitzlicht keine Stellung beziehen möchten, nutzen gerne den Satz, „Ich schließe mich meinem Vorredner an".

Der Moderator kann das Blitzlicht über die Formulierung der Frage und über die Reihenfolge der Beiträge beeinflussen, z.B. indem er den ersten Sprecher (mittels Gestik oder Blickkontakt) festlegt und somit indirekt den Redner des Schlusswortes bestimmt. Mit der Wahl des ersten Sprechers wird die Richtung der Beiträge gelenkt, da sich die restliche Gruppe häufig an den Aussagen und den genannten Aspekten der Vorredner orientiert.
Eine noch zügigere Variante liegt in der Beschränkung der Meinungsäußerung auf drei nonverbale Signale: Daumen nach oben, Daumen seitlich, Daumen nach unten.

3.1.2 Brainstorming

WORUM GEHT ES?

Durch eine rasche Sammlung von „Geistesblitzen" erleichtert diese Methode die Ideenfindung auf fast allen Gebieten.

WAS BRINGT ES?

Als Ergebnis wird der Anwender ein mehr oder weniger großes Ideenspektrum erhalten. Durch die Technik werden alle Teammitglieder beteiligt. Es wird möglich, völlig neue Denkansätze einzubringen.

WIE GEHE ICH VOR?

1) Zu Beginn wird das eigentliche Problem definiert bzw. der thematische Rahmen umrissen.
2) Im zweiten Schritt müssen die Spielregeln für die Bearbeitung geklärt werden. Dieser Schritt ist insbesondere deshalb wichtig, weil es bei der Bearbeitung auf strikte Disziplin und die Einhaltung folgender Verhaltensregeln ankommt:
   - Ideen und Gedanken werden nicht kritisiert.
   - Gedanken sollen frei und ohne Hemmungen geäußert werden, dies gilt auch für „Spinnereien".
   - Ziel ist ein maximales Produzieren von Ideen – Quantität geht vor Qualität.
   - Ideen anderer sollen aufgegriffen werden.
3) Zur Beantwortung werden Karten und Stifte verteilt.
4) Die Teilnehmer beschriften für jeden Gedankenblitz eine Karte.
5) Um die Anonymität zu gewährleisten, werden die Karten nach dem Einsammeln gemischt.
6) Die Karten werden unkommentiert vom Moderator laut vorgelesen und an eine Pinnwand geheftet. Neue Ideenkarten können dabei jederzeit hinzugefügt werden.
7) Die Karten werden zu Themenbereichen geordnet und auf ihre Verwendbarkeit hin überprüft.

Stärken/Schwächen

Ideenfindung und -bewertung bleiben getrennt. Zahlreiche Ideen können in kurzer Zeit geliefert werden; unorthodoxe Vorschläge sind dabei ebenfalls möglich. Durch die Möglichkeit, die Abfragen anonym durchzuführen (Kartenabfrage), kann jedem Teilnehmer ohne hierarchische oder rhetorische Berücksichtigung die Beteiligung an der Diskussion ermöglicht werden.

Da keine Bewertung durchgeführt werden soll, ist die Methode für ungeübte Gruppen schwierig zu handhaben. Bei ungeübten Teams treten häufig Akzeptanzprobleme für diese „Spielerei" auf.

So einfach und grundlegend diese Technik auf den ersten Blick erscheint, so schwierig ist sie für ungeübte Gruppen. Wichtig ist eine große Disziplin bei der Ideensammlung, Diskussionen und Kritik zu geäußerten Ideen sind während der Ideensammlung unerwünscht! Destruktive Kommentare wie z.B. „Das klappt nie!" oder „So ein Unsinn!" behindern den Ideenfluss und stellen damit den Kreativitätsprozess in Frage.

3.1.3 Fragetechniken

WORUM GEHT ES?

Fragen sind das Bindeglied zwischen Moderator und Gruppe und aktives Lenkungsinstrument. Sie dienen dazu, die Gruppe je nach Situation zu aktivieren, auf etwas hinzuweisen, zu fokussieren, Entscheidungsprozesse in Gang zu bringen, zu präzisieren, Missverständnisse auszuräumen oder die Diskussion zu straffen.

Allgemein lassen sich drei verschiedene *Fragetypen* unterscheiden:

- *Offene Fragen* beginnen mit einem W-Wort (warum, wie, welche, wie viel, was etc.) und bieten unbegrenzte Antwortmöglichkeiten. Sie sind geeignet, um tiefergehende Informationen zu bekommen, Gedanken und Meinungen anzuregen und die Kreativität zu fördern. Diese Art von Fragen sollte ein Moderator vornehmlich einsetzen.
- Bei *geschlossenen Fragen* gibt es nur die Antwortmöglichkeiten „ja" oder „nein" bzw. die Auswahl unter den in der Frage angebotenen Möglichkeiten (z. B.: „Möchten Sie diese Aufgabe im Plenum oder lieber in der Kleingruppe bearbeiten?"). Diese Fragen schränken ein und dienen dem Moderator in erster Linie, um Gespräche möglichst straff zu führen, eine klare Antwort zu bekommen oder das Einverständnis der Gruppe (z. B. zu einem vorgeschlagenen Vorgehen) einzuholen.
- *Suggestivfragen* (zumeist in der Frageform „Sind Sie nicht auch der Meinung, dass …") lassen nur theoretisch ein „nein" zu. Ziel des Fragenden ist hier, eine bejahende Antwort zu bekommen. Beispiel: „Wenn wir auf diese Ergebnisse schauen, dann geben Sie mir sicher Recht, dass wir das Problem mit der mangelnden Absprache untereinander als erstes angehen müssen?" Vor diesen Fragen sollte sich ein Moderator hüten, da sie schnell als Manipulations- und Beeinflussungsversuch aufgefasst werden können.

WAS BRINGT ES?

Unterschiedliche Fragearten (siehe Bild 10) helfen bereits in der Vorbereitungsphase bei der Entwicklung von Leitfragestellungen und beim bewussten Einbauen von Zwi-

Frageart	Beispiel	Einsatzmöglichkeiten
Öffnende Fragen	„Wie erleben Sie die Situation derzeit?" „Was sehen Sie als förderlich oder hinderlich?"	Zum Einstieg in ein Thema und zur Aufdeckung der wichtigsten Problemaspekte
Folge-Fragen	„Welche weiteren Schritte ergeben sich daraus?" „Welche Folgen hat das nun für Sie?"	Zum konsequenten Weiterdenken bzw. zur Ableitung von Maßnahmen aus vorangegangenen Ideen und Vorschlägen
Vollständigkeits-fragen	„Welche Argumente/Ursachen lassen sich noch finden?"	Zur Überprüfung und Vervollständigung bereits gefundener Lösungsansätze oder Ideen
Blickwinkelfragen	„Was bedeutet dieser Vorschlag für die Mitarbeiter (Lieferanten/Kunden/…)?"	Zur Lenkung der Aufmerksamkeit auf bislang unbeachtete oder vernachlässigte Aspekte
Rückfragen	„Ich würde Ihre Frage gern an die Gruppe weitergeben: was meinen die anderen dazu?" „Was wäre denn Ihr Vorschlag dazu?"	Zur Diskussionsanregung, Wahrung der Neutralität, Einbeziehung von Teilnehmern oder zur Ermunterung, selber eine Lösung zu finden
Klärungs- und Paraphrasierungs-fragen	„Was genau meinen Sie damit?" „Verstehe ich Sie richtig, dass…?" „Wollen Sie damit sagen, dass…?"	Zum besseren Verstehen von Meinungsäußerungen und zur Unterstützung von Teilnehmern, die sich nicht allzu sicher und geschickt ausdrücken können
Umkehrfragen	„Was müssen wir tun, um die Kunden zu vergraulen?"	Zur Auflockerung, wenn der Ideenfluss stoppt oder „die Luft raus ist" in der Gruppe
Eingrenzungs- und Abgrenzungs-fragen	„Welches der Themen soll heute unbedingt angesprochen werden?" „Welchen Kriterien muss die Lösung mindestens entsprechen?" „Was soll die Lösung nicht leisten?"	Zur Fokussierung und trennscharfen Unterscheidung der relevanten von den weniger wichtigen Aspekten oder Themen
Bilanzierungs- und Abschluss-fragen	„Wie zufrieden sind Sie mit unseren heutigen Ergebnissen?" „Was nehmen Sie hiervon mit in Ihre Arbeit?"	Zur Bewertung, Abrundung des Workshops/der Besprechung und zum Feedback

Bild 10: *Unterschiedliche Fragearten*

schenfragen, aber auch situativ als Hilfestellung für die Arbeit im Team oder in Konfliktsituationen.

WIE GEHE ICH VOR?

1) Problemsituation bzw. Zielstellung für eine Frage identifizieren.
2) Eine (oder mehrere) passende Frageart(en) wählen.
3) Frage formulieren (und ggf. Reihenfolge der Fragen festlegen).

> Bleiben Sie authentisch und in Ihrer eigenen „Spreche". Verzichten Sie bei der Vorbereitung auf allzu hochgestochene Phrasen und leeres „Wortgeklingel". Eine gute Frage ist eine leicht verständliche und dennoch zielgenaue, treffende Frage.
> Überfordern Sie die Teilnehmer nicht, indem Sie mehrere Fragen auf einmal stellen. Das stiftet nur Verwirrung.
> Vermeiden Sie nach Möglichkeit Fangfragen, Suggestivfragen, „Lehrerfragen", banale oder langweilige Fragen, Wissensfragen, Rechtfertigungsfragen, „Killerfragen" und peinliche Fragen.

3.1.4 Kartenabfrage

WORUM GEHT ES?

Ziel ist die Sammlung von Wissen, Ideen, Problemen und deren Lösungsansätzen, Fragen oder Themen von mehreren Personen innerhalb kurzer Zeit. Geeignet ist diese Technik vor allem

- als Einstiegsabfrage der Teilnehmer zur Orientierung;
- zur Sammlung von Gruppenmeinungen/-wissen.

WAS BRINGT ES?

Die Beantwortung von Fragestellungen mit Hilfe von Karten ermöglicht die Erfassung eines breiten Spektrums von Sachwissen und Meinungen unter Einbeziehung der gesamten Gruppe und ist situativ in jeder Phase einer Aufgabenbearbeitung einsetzbar. Dadurch wird praktisch das Sammeln von Ideen ohne die Benutzung der Sprache möglich.

WIE GEHE ICH VOR?

1) Der Gruppe wird zu Beginn eine Frage gestellt, die in Stichwörtern beantwortbar sein sollte.
2) Als Arbeitsmittel werden Karten und Filzstifte verteilt.
3) Eine beliebige oder auch vorgegebene Anzahl von Karten wird durch die Gruppenteilnehmer beschrieben. Dabei sollte nur ein Gedanke pro Karte notiert werden; das Beschreiben der Karten mit großen, deutlich lesbaren Druckbuchstaben mit nicht mehr als drei Zeilen bei maximal sieben Wörtern ist sinnvoll.
4) Ein verdecktes Einsammeln aller Karten und Mischen gewährleistet eine gewisse Anonymität.
5) Die Karten werden vom Moderator vorgelesen und unter Konsensbildung der Gruppe zu Clustern mit ähnlichem oder gleichem Inhalt/Thema zusammengefasst.
6) Eine nochmalige Zuordnungsüberprüfung der Karten durch die Gruppe ist zweckmäßig, da häufig während einer Zuordnungsdiskussion sich neue oder geänderte Zuordnungskriterien herausbilden können.
7) Bei der „Wölkchenbildung“ werden Karten gleichen Inhalts/Themas in einer Umrahmung zusammengefasst (in sog. „Cluster“) und erhalten eine passende Überschrift.

Stärken/Schwächen

Alle Teilnehmer werden integriert, die Karten sind anonym und gleichgewichtet, so dass keine hierarchischen Unterschiede zwischen den Gruppenmitgliedern zum Tragen kommen. Mehrfachnennungen werden sofort sichtbar, und das Spektrum der Antworten wird schnell transparent gemacht.

Es ist relativ viel Zeit einzuplanen, vor allem bei großen Gruppen und vielen Nennungen. Wird die Anzahl der Karten nicht begrenzt, kann die Darstellung auf einer Wand schnell unübersichtlich werden.

Varianten

Zuruffrage: Eine Ideensammlung, bei der ohne Hemmung des Gedankenganges alle Einfälle sofort protokolliert werden und die so weitere stichwortartige Zurufe auslöst. Eine Dominanz der Gruppenmeinung durch Meinungsführer („Opinion-Leader") wird so vermieden. Bei der offenen Beantwortung über Zuruf notiert der Moderator auf einem Flip-Chart oder auf einer Pinnwand die Zurufe, die Ordnung der Antworten wird erst in einem zweiten Schritt hergestellt.

Stärken/Schwächen

Der Zeitaufwand ist gering. Assoziationseffekte und weitere Antworten werden stimuliert, mit der Folge, dass ein breiteres Antwortspektrum als bei verdeckter Abfrage erzielt werden kann. Mehrfachantworten werden vermieden.

Die Gleichbehandlung der Gruppenmitglieder und die Anonymität sind nicht gewährleistet, die Ordnung/Gruppierung der Beiträge ist im Nachhinein oft schwierig. Die Dominanz der Gruppe durch „Opinion-Leader" ist nicht zu vermeiden.

3.1.5 Punktbewertung

WORUM GEHT ES?

Verschiedene Alternativen sollen durch die Teammitglieder gegeneinander abgewogen bzw. gewichtet werden. Bei der Entscheidungsfindung können Gruppenmeinungen und Konflikte bzw. Stimmungen, Schätzungen, Erwartungen und Haltungen sichtbar gemacht werden.

WAS BRINGT ES?

Die mehr oder weniger auseinander gehende Meinung der Gruppe wird sichtbar. Wenn die Vielfalt und Widersprüchlichkeit aller Meinungen nicht ausdiskutiert werden kann oder soll, bietet sich die Punktbewertung an. Es können Schwerpunkte gesetzt oder Entscheidungen getroffen werden.

WIE GEHE ICH VOR?

Beantwortung mit einem Punkt für jeden Teilnehmer: Einpunktfrage.

Die Punktebewertungen können auf verschiedenen Diagrammen abgebildet werden:

- Gleitende Skala
- Gestufte Skala
- Koordinatenfeld

- Polaritäten
- Gewichtung

1) Zunächst wird die zu beantwortende Fragestellung durch den Moderator geklärt. Die Konsequenzen des Punktens (z. B. für die weitere thematische Schwerpunktbildung im Verlauf eines Workshops) sollten allen Teilnehmern klar sein.
2) An die Teilnehmer werden Klebepunkte verteilt. Die Teilnehmer stimmen durch Kleben der Punkte an die Stelle im Diagramm bzw. in der Skala ab, die ihrer Wertung entspricht.
3) Der Moderator zählt die Punkte in aller Plenumsöffentlichkeit aus und verkündet die Rangplätze der Alternativen bzw. das Entscheidungsergebnis. Ggf. schließt sich eine Diskussion über die nächsten Schritte an.

Variation

Mehrpunktfrage: Beantwortung mit mehreren Punkten. Um eine differenziertere Bewertung vornehmen zu können, erhält jeder Teilnehmer zwei, drei, bei relativ vielen Wahlmöglichkeiten auch mehr Punkte. Er kann nun gemäß seiner eigenen Gewichtung die Vorschläge bewerten, wobei er pro Alternative auch mehrere Punkte kleben kann.

Stärken/Schwächen

Diese Methode ist ein ebenso simples wie formales Instrument, um Entscheidungen zu treffen und gleichzeitig zu visualisieren. Jedes Teammitglied hat die gleiche Stimmmacht, „Opinion-Leader" haben nur einen bedingten Einfluss auf das Endergebnis; bei der Mehrpunktabfrage können Gewichtungen berücksichtigt werden.

Oftmals ist bei dieser Technik in der Praxis ein gewisser „Herdentrieb“ beobachtbar: bei schwierigen Entscheidungen oder wenn der Chef anwesend ist, orientieren sich die Teilnehmer an den Punkten der anderen. Manchmal gibt es auch Teilnehmer, die abwarten, wie die anderen punkten, um dann mit ihrem Punkt bei einer knappen Entscheidung das „Zünglein an der Waage“ spielen zu können.

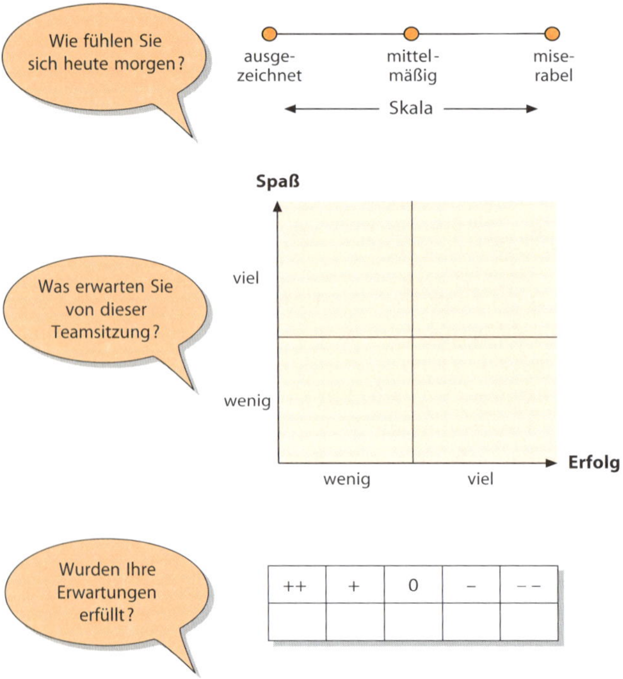

Bild 11: *Beispiele zur Punktbewertungsmethode. Dargestellt sind Einpunktfragen.*

3.1.6 Rückkoppelung

Bei längeren Veranstaltungen (Tagesveranstaltung oder länger) ist es sinnvoll, den Gruppenfortschritt zu ermitteln, um Erkenntnisse über veränderte Absichten, Meinungen oder Haltungen zu gewinnen. Hierzu sollten am Anfang einer Veranstaltung die Erwartungen der Teilnehmer geklärt werden; am Ende eines Tages oder der Veranstaltung kann dann, bezugnehmend auf diese Vorstellungen, ein Vergleich gezogen („Wurden die Erwartungen erfüllt?") und ausgewertet werden.

Hilfreich ist es auch in mehrtägigen Workshops, wenn zwischenzeitlich, z.B. alle drei Stunden, die Stimmung der Teammitglieder abgefragt wird (z.B. mittels der Punktbewertungsmethode). Aus den Antworten kann man Rückschlüsse auf den Verlauf der Stimmungslage gewinnen (Bild 12).

3.1.7 Tätigkeitskatalog

WORUM GEHT ES?

Der Tätigkeitskatalog beinhaltet die Übersicht und Zuordnung von in der Sitzung beschlossenen Maßnahmen und Aufgaben an die jeweiligen Verantwortlichen (inklusive Deadlines). Er ist sozusagen das „Endprodukt" der Maßnahmenplanung, ohne das keine Sitzung beendet werden sollte.

WAS BRINGT ES?

Mit dem Tätigkeitskatalog wird die Umsetzung der Maßnahmen sichergestellt, da eine einzelne Person die Verant-

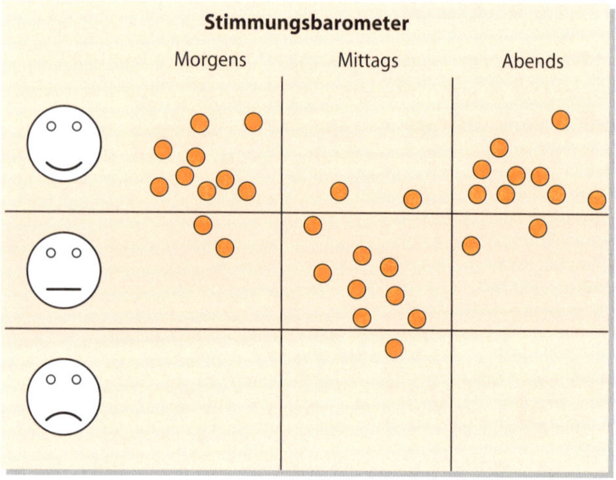

Bild 12: *Beispielhafter Verlauf der Stimmung innerhalb einer eintägigen Teamsitzung*

wortung für die Erledigung der Aufgabe bis zu einem fest definierten Zeitpunkt übernimmt.

WIE GEHE ICH VOR?

Stimmen Sie nach den Phasen der Ideengenerierung und der Maßnahmenbewertung mit den Teilnehmern zusammen ab, wer welche Aufgabe (ggf. mit wem zusammen) bis wann erledigt haben soll und von wem der Erfolg überprüft wird (Bild 13)

Wer	macht was	mit wem	bis wann	wozu	Erfolgscheck/ Rückmeldung
Frau Müller	Ausarbeitung des Lösungsvorschlags A zur Qualitätssteigerung in Produktionsabschnitt X	Herrn Meier	16. April	Unterpunkt für die Entscheidungsvorlage für die Bereichsleitung	Herr Schneider
Herr Schulz	mit Herrn Huber aus der F&E-Abteilung technische Machbarkeit für Idee Nr. 5 abklären		28. März	Vorbereitung für weitere Ausarbeitung beim nächsten Treffen	Herr Berger (mit Rückmeldung an das ganze Team)
Herr Winter	Liste der wartungsbedürftigen Systemkomponenten zusammentragen	Frau Glas	2. April	Voraussetzung für den Kostenvoranschlag	Herr Schneider
......	......	......	.....	......	......

Bild 13: *Beispiel für einen Tätigkeitskatalog am Ende einer Besprechung*

3.1.8 Themenspeicher

WORUM GEHT ES?

Während des Klärungsprozesses der zu bearbeitenden Problemstellungen ist es wichtig, den Überblick über noch nicht bearbeitete Themen bzw. Arbeitsschwerpunkte zu behalten. Daher sollten Themen gesammelt werden, um eine gezielte Auswahl treffen zu können.

Themenspeicher

Workshop am 11. November
„Produktion"
Noch zu bearbeitende Themen:

- *Es muss geklärt werden, welche Inhalte für das Training der Mitarbeiter mit der neuen Technik maßgeblich sind.*
- *Wann und wo findet die nächste Sitzung statt?*
- *Es muss ein Budgetrahmen für die Umsetzungsmaßnahmen und das Training erarbeitet werden.*
- *Welcher Bereich übernimmt die Patenschaft für das Pilotprojekt?*
- *Wir müssen eine strukturierte Vorgehensweise für die Dokumentation erstellen.*
- ...

Bild 14: *Beispiel eines Themenspeichers*

WAS BRINGT ES?

Vorgegebene bzw. vorher z. B. durch *Brainstorming* (s. S. 40) ermittelte Themen und Arbeitsschwerpunkte werden visuell im Gedächtnis der Gruppe gehalten, zu bearbeitende Themen können mittels *Punktbewertungsmethode* (s. S. 48) gewichtet werden.

WIE GEHE ICH VOR?

1) Die Themen wurden z. B. durch *Brainstorming* (s. S. 40) ermittelt und durch die Gruppe in eine Reihenfolge gebracht. Als Themenspeicher kann dabei z. B. eine Pinnwand oder auch ein Flip-Chart dienen.
2) Die Themen werden in der ermittelten Reihenfolge abgearbeitet bzw. verworfen.

Stärken/Schwächen

Über den aktuellen Bearbeitungsstand der Themen herrscht immer ein guter Überblick.

Der Themenspeicher muss gepflegt werden, d. h. abgearbeitete Themen müssen gestrichen, neue Themenstellungen hinzugefügt werden.

3.1.9 Umgang mit Konflikten

Wenn in einem Team kein Konsens gefunden werden kann (z. B. über das Problem, die Ursachen, den Lösungsweg), ist eine Grundsatzdiskussion unumgänglich, um die Gruppe nicht an ihrer weiteren Arbeit zu behindern und die Umsetzung hinauszuzögern. Diese Diskussionen dürfen jedoch nicht ausufern. Um konkrete Ergebnisse zu erzielen, können verschiedene Methoden zur Konfliktbearbeitung herangezogen werden:

Beispiel:

- *Pro-und-Contra-Spiel:* Jede Konfliktseite stellt zwei bis drei Teilnehmer für eine Podiumsdiskussion. Diese tauschen in kurzen Statements ihre Argumente aus. Die Pros und Contras werden dabei visualisiert. Anschließend wird die Pro- und Contra-Seite getauscht, so dass nun die gegenteilige Meinung von den Kontrahenten vertreten werden muss. Hierdurch wird das Problembewusstsein gefördert. In den meisten Fällen kann durch eine anschließende Gewichtung der Argumente eine einvernehmliche Lösung über die strittige Frage gefunden werden.
- *Konfliktbearbeitung in Kleingruppen:* Vor allem Probleme, die einen grundsätzlichen – glaubensähnlichen – Charakter haben, lassen sich in größeren Gruppen kaum bewältigen. Gegebenenfalls können die Kontrahenten dann diese Konflikte in Kleingruppen lösen, da hier am ehesten Raum für einen intensiven Austausch von Argumenten vorhanden ist.

3.1.10 Untergruppen bilden

Eine kreative und dynamische Diskussion wird durch eine zunehmende Gruppengröße erschwert. Meinungsführer sorgen schnell dafür, dass nur noch ein Minimum des vorhandenen Ideenpotenzials genutzt werden kann. Um auch Gruppen von 20 und mehr Personen eine intensive und tief gehende Kommunikation zu ermöglichen, ist es sinnvoll, Unter- bzw. Kleingruppen von zehn bis fünf Teilnehmern zu bilden, die Teilaufgaben zu bewältigen haben. Hierzu bietet sich eine Reihe von Möglichkeiten an:

- Nach Zufall, z. B. durch Losen oder Abzählen, durch das „Windhund-Verfahren", bei dem im Flur eine Tafel mit den einzelnen Themengruppen aufgestellt wird. Die Gruppenzahl ist jeweils begrenzt, so dass der Schnellste, der die Tafel als Erster erreicht, freie Auswahl bei der Gruppenwahl hat. Der Letzte muss dann den noch freien Platz belegen.
- Nach Themeninteresse, z. B. durch eine Abfrage durch den Moderator.
- Nach Funktionen.
- Nach Sympathie.

Die zu erarbeitenden Aufgabenstellungen sollten möglichst konkret gestaltet sein, um im Ergebnis auch konkrete Lösungsvorschläge am Ende der Teamsitzung erzielen zu können. Für die Lösungen bedeutet dies, dass

- ihr Zeithorizont für die Umsetzung drei Monate nicht überschreiten sollte. Im anderen Fall sollte die Problemdefinition so lange weiter untergliedert werden, bis Teiltätigkeiten mit höchstens dieser Länge entstanden sind.
- die Lösungsvorschläge dem Kompetenzniveau der Bearbeiter entsprechen. So können die Ideen auch einfacher realisiert werden.

Kleingruppen müssen bei der Bearbeitung darauf achten, dass ihr Zeithaushalt begrenzt ist. Aufgabe des Moderators ist es dabei jedoch nicht, innerhalb der Gruppen in die Arbeit einzugreifen. Festgefahrene Gruppen können durch Überspringen der kritischen Themen ihre Arbeit fortsetzen, die ungeklärten Fragen können dann im gesamten Team ausdiskutiert werden.

3.2 Analyse- und Aufbereitungstechniken

3.2.1 Baumdiagramm

WORUM GEHT ES?

Mit Hilfe eines Baumdiagramms kann ein Problem in mehreren aufeinander folgenden Schritten systematisch auf mögliche Ursachen oder Lösungsmöglichkeiten hin untersucht werden. Der Unterschied zum Ursache-Wirkungs-Diagramm besteht in der strikten sequenziellen Vorgehensweise.

WAS BRINGT ES?

Mit Hilfe des Baumdiagramms ist es möglich, einzelne Gesichtspunkte eines Problems oder eines anderen Themas geordnet darzustellen. Durch das strukturierte Vorgehen wird das Risiko vermindert, wichtige Lösungsansätze zu vergessen. Durch Zerlegung eines Themas können auch komplizierte Zusammenhänge übersichtlich dargestellt werden.

WIE GEHE ICH VOR?

Das Baumdiagramm wird in der Gruppe erstellt. Ausgangspunkt ist ein identifiziertes Problem bzw. das gewünschte Ziel. Dieses wird in mehreren aufeinander folgenden Schritten mit zunehmendem Detaillierungsgrad hinsichtlich der zu seiner Erreichung erforderlichen Maßnahmen untersucht. Alle Vorschläge werden auf Karten gesammelt, die dann in der typischen Baumform vertikal oder horizontal an die Pinnwand geheftet werden. Das Ergebnis ist eine detaillierte übersichtliche Zusammenstellung der von der Gruppe beurteilten Maßnahmen zur Erreichung eines gewünschten Ziels.

Eine andere Darstellungsform ist die „Fehler-Baumanalyse“ (Fault Tree Analysis, FTA). Eine wichtige Ausprägungsform des Baumdiagramms ist unter der Bezeichnung „Mittel-Ziel-Diagramm“ bekannt.

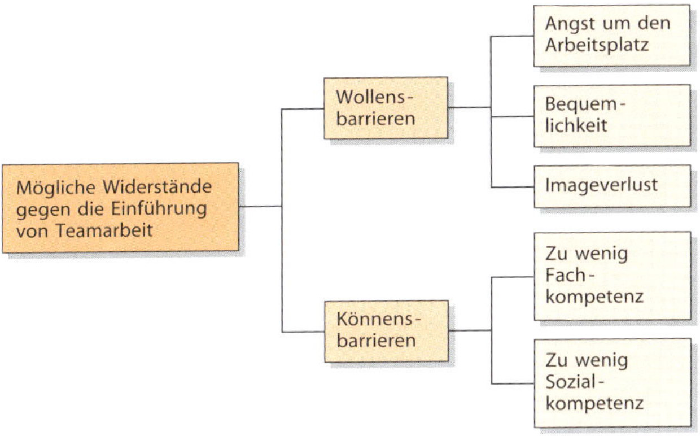

Bild 15: *Baumdiagramm*

3.2.2 Flussdiagramm

WORUM GEHT ES?

Um Prozesse, Abläufe und Tätigkeiten in einer Diskussion transparent werden zu lassen, bietet sich ein Flussdiagramm als Darstellungsform an. Dies betrifft vor allem Prozesse während der Planung oder der Überprüfung eines existierenden Ablaufs. Das Flussdiagramm ist universell einsetzbar – für Dienstleistungs-, Produktions- und sonstige Abläufe. Besonders beim Reengineering, im Rahmen des Prozessmanagements werden mit Hilfe von Flussdiagrammen Prozessschritte neu geplant und zusammengefügt.

WAS BRINGT ES?

Durch die strukturierte und visuelle Darstellung kann sowohl ein Prozess in seiner Gesamtheit als auch in seinen einzelnen Prozessschritten überblickt und nachvollzogen werden. Eine grafische Darstellung eines Prozesses mit seinen Abläufen in Funktionssymbolen als visuelles Ergebnis ist in kurzer Zeit für eine Gruppe nachvollziehbar.

WIE GEHE ICH VOR?

1) Zunächst müssen der Rahmen bzw. die Grenzen des zu betrachtenden Prozesses festgelegt werden. Der Start- und der Zielpunkt für den Gesamtprozess bzw. jeden Teilprozess wird ebenfalls definiert.
2) Die einzelnen notwendigen oder bereits vorhandenen Prozessschritte werden systematisch z. B. durch eine Kartenabfrage ermittelt.
3) Im nächsten Schritt werden die einzelnen Prozessschritte in der Reihenfolge ihrer Ausführung angeordnet – der Sollprozess wird konzipiert.
4) Nachdem der eigentliche Prozessablauf erfasst ist, werden die einzelnen Prozessschritte mittels folgender Symbole dargestellt:

Ovale für Material und Informationen, für Start und Resultate

Quadrate für eine Aufgabe oder Tätigkeit

Raute für Ja-/Nein-Fragestellungen bzw. Entscheidungen

Kreis mit einem Buchstaben bzw. einer Nummer für Unterbrechungen oder Verknüpfungen

5) Ein Testdurchlauf auf Vollständigkeit und Logik ermöglicht die Überprüfung der konzipierten Prozessschritte.
6) Falls bei der Überprüfung Schwächen auftauchen, müssen Korrekturen und Optimierungen am Prozessablauf durchgeführt und der Testlauf wiederholt werden.

Stärken/Schwächen

Das Flussdiagramm ermöglicht es, unübersichtliche und komplexe Zusammenhänge zu systematisieren und zu visualisieren. Es ist besonders für die Darstellungen von Prozessen geeignet.

Die Optimierung eines Prozesses kann langwierig sein. Oft ist es ratsam, für die Optimierung einzelner, in sich abgeschlossener Prozessschritte Kleingruppen einzusetzen.

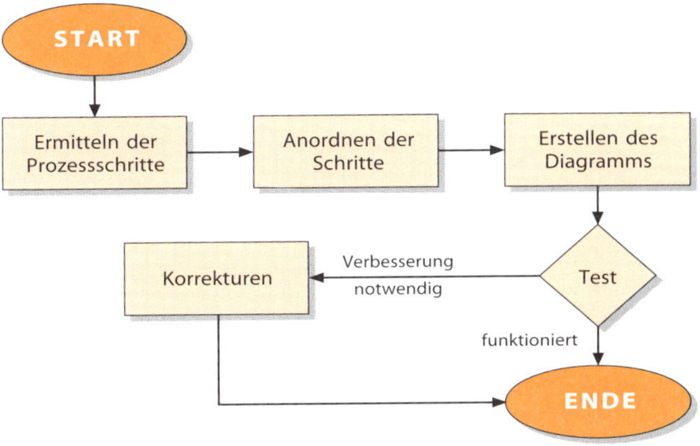

Bild 16: *Beispiel für ein Flussdiagramm: Ablaufbeschreibung zur Erstellung eines Flussdiagramms*

Nutzen Sie für die Darstellung von Prozessschritten die Kartentechnik und Pinnwände. Jeder Prozessschritt wird dabei auf einer Karte notiert und entsprechend dem geplanten Prozessverlauf an die Pinnwand geheftet. Auf diese Weise können Sie jederzeit Prozessschritte umhängen.

3.2.3 Interdependenzanalyse

WORUM GEHT ES?

Innerhalb eines Systems haben die Beziehungen zwischen den verschiedenen Elementen selten die gleiche Intensität. Daher ist es von Bedeutung, positive und negative Beeinflussung der Elemente untereinander aufzuzeigen, um Reaktionen auf die Veränderung eines Elementes auf die übrigen Elemente und das Gesamtsystem berücksichtigen zu können.

WAS BRINGT ES?

Eine Berechnung des *Interdependenz-Korrekturfaktors* ermöglicht es, die Auswirkungen der einzelnen Elemente aufeinander und auf das Gesamtsystem zum Ausdruck zu bringen. Ermittelt werden dabei systemunterstützende oder -behindernde Elemente.

WIE GEHE ICH VOR?

1) Zunächst müssen die zu betrachtenden Elemente innerhalb eines Systems festgelegt werden. Im folgenden Beispiel sind dies Liefertreue, -flexibilität, Änderungsflexibilität und Servicefähigkeit.

2) Im nächsten Schritt wird eine Matrix (siehe Beispiel) mit den Elementen jeweils auf der X- und der Y-Achse erstellt, um sie so miteinander vergleichen zu können.
3) Mittels eines paarweisen Vergleiches zwischen den einzelnen Elementen (X- zu Y-Achse) über die indirekte Förderung der Elemente untereinander wird ein Interdependenzwert für die einzelnen Elementkombinationen bestimmt. Dabei drückt eine Bewertung der Beziehung mit +9 eine hohe indirekte Förderung des anderen Elementes, mit –9 eine niedrige indirekte Förderung aus.
4) Die Spalten- und Zeilensummen werden berechnet. Der mittlere Spalten- bzw. Zeilenwert ergibt sich dann aus der Summe geteilt durch die Anzahl der Elemente.
5) Die Werte werden normiert. Um zu gewährleisten, im Weiteren mit positiven Zahlen arbeiten zu können, wird jedem Wert der größtmögliche negative Wert hinzuaddiert. Bei einer maximalen negativen Bewertung von –9 und – in diesem Beispiel – vier Elementen beträgt dieser Wert $9 \times 4 = 36$. Die relative Sendestärke berechnet sich aus dem Verhältnis von normiertem Spaltenwert zu mittlerem Spaltenwert und die relative Empfangsbereitschaft aus dem Verhältnis von normiertem Zeilenwert zu mittlerem Zeilenwert.
6) Es erfolgt die Berechnung des Interdependenz-Korrekturfaktors (normierter Spaltenwert zu normiertem Zeilenwert).

Stärken/Schwächen

Die Elemente mit „positiver Ausstrahlung" können gezielt genutzt werden.

Sender: / Empfänger:	A	B	C	D	Zeilensumme	Spaltensumme normiert (+36)	Zeilensumme normiert (+36)	relative Sendestärke (normierter Spaltenwert / mittlere normierte Spaltensumme)	relative Empfangsstärke (normierter Zeilenwert / mittlere normierte Zeilensumme)	Interdependenz-Korrekturfaktor
Liefertreue (A)	9	7	5	6	27	27	63	0,6 (27/(180/4))	1,4 (63/(180/4))	0,43
Lieferflexibilität (B)	-7	9	2	-3	1	53	37	1,18	0,82	1,43
Änderungs-flexibilität (C)	-5	-2	9	0	2	52	38	1,16	0,84	1,37
Servicefähigkeit (D)	-6	3	0	9	6	48	42	1,07	0,93	1,14
Summe	**-9**	**17**	**16**	**12**	**36**	**180**	**180**			

Bild 17: *Beispiel für eine Interdependenzanalyse*

Jeder berechnete Korrekturfaktor gilt nur bezogen auf den Zeitpunkt seiner Berechnung.

3.2.4 Interessengruppenanalyse

WORUM GEHT ES?

Im Zuge der Vorbereitung eines Lösungsprozesses ist es vor allem bei unklaren Rahmenbedingungen hilfreich, eine Umfeldbetrachtung durchzuführen. Die Betroffenen bzw. Beteiligten und das Umfeld lassen sich so identifizieren.

WAS BRINGT ES?

Durch die Analyse lässt sich eine Auflistung der externen Größen und derer Einflussfaktoren erstellen. Zusätzlich erhält man eine Übersicht über die an einem Problem und deren Lösung beteiligten Personen.

WIE GEHE ICH VOR?

1) Im ersten Schritt muss das Problem, das den Beeinflussungen unterliegen könnte, definiert werden.
2) Das Umfeld kann nun beispielsweise in die Bereiche *Mensch, Technik* und *Wirtschaft* unterteilt werden. Auch andere Unterteilungen können sinnvoll sein.
3) Mit der Fragestellung „Wer ist betroffen?“ lassen sich die Interessengruppen, -personen und -bereiche identifizieren.
4) Im Folgenden werden für die einzelnen Gruppen oder Personen Zielprioritäten ermittelt. Diese können weiter in sich gegliedert und gewichtet werden.
5) Für jede Gruppe/Person lässt sich eine Gewichtung für ihren Einfluss auf die Ausgangsproblematik bestimmen.

6) Abschließend erfolgt ein systematischer Vergleich der Zielprioritäten, um potenzielle Koalitionen bzw. Konflikte zu ermitteln.

Stärken/Schwächen

☺ Bei guter Informationsbasis kann durch frühe Miteinbeziehung von Betroffenen der potenzielle Widerstand erheblich verringert werden: *Betroffene zu Beteiligten machen!* Der Aufwand für diese Analyse ist gering.

☹ Die wahren und exakten Zielprioritäten von Beteiligten sind für Außenstehende oft nur schwer auszumachen. Sie sollten durch eine intensive Kommunikation ermittelt werden.

3.2.5 Matrixdiagramm, Portfolio

WORUM GEHT ES?

Mit dem Matrixdiagramm können die Wechselwirkungen unterschiedlicher Aspekte eines Problems in den durch Spalten und Zeilen einer Matrix gebildeten Feldern übersichtlich dargestellt werden. Je nach Problemlage können l-, t- oder x-förmige Matrizen verwendet werden (siehe Bild 18).

WAS BRINGT ES?

Die systematische Auflistung und Bewertung verschiedener Wechselwirkungen hilft einem Team, ein Thema besser zu verstehen. Insbesondere komplizierte Verhältnisse lassen sich strukturiert veranschaulichen, z. B. wie eine Maßnahme auf verschiedene Ziele einwirkt.

WIE GEHE ICH VOR?

Zuerst werden die Dimensionen eines Vergleiches festgelegt, z. B. Aufgaben/Verantwortlichkeiten oder Fehlerursache/Fehlerwirkung usw. Jede Dimension wird nun durch einzelne Merkmale beschrieben und die Matrix erstellt. Die gebildeten Zeilen und Spalten können nun für den Beziehungsvergleich der einzelnen Merkmale untereinander genutzt werden. Die Bewertung der Beziehungen kann mit Hilfe unterschiedlicher Symbole oder durch Zahlenwerte erfolgen.

Es sollten nicht zu viele Merkmale einer Dimension untersucht werden (max. 20), da sonst die Übersichtlichkeit leidet. Zudem steigt der Arbeitsaufwand rasch an. So sind beispielsweise bei einer L-Matrix mit je zehn Merkmalen schon 100 Beziehungen zu überprüfen.

Variation: Portfolio (Bild 19)

Eine Variation des Matrixdiagramms ist das Portfolio. Mit dessen Hilfe können Problemstellungen anhand von zwei Dimensionen tiefer gehend untersucht werden. Eine dritte Dimension kann man bei Bedarf z. B. durch die Größe der Kreise einführen. Aus der Darstellung lassen sich z. B. Istsituation, Entwicklungsmöglichkeiten oder angestrebte Ziele für ein Vorhaben ableiten. Die Portfoliodarstellung unterstützt hervorragend den Diskussionsprozess in einem Team.

3.2.6 Radardiagramm

WORUM GEHT ES?

Ein Radardiagramm kann das Spannungsfeld zwischen Soll- und Istzustand verschiedener Zielsetzungen aufzeigen. Dabei werden aktuelle Stärken und Schwächen verdeutlicht.

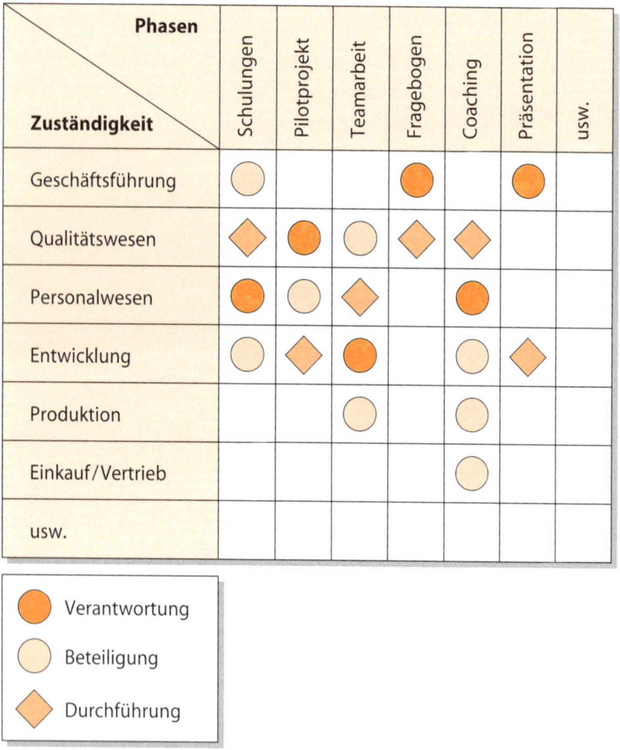

Bild 18: *Matrixdiagramm, I-förmig*

WAS BRINGT ES?

Eine grafische Darstellung der Soll- und Istzustände mehrerer Zielsetzungen ist das Ergebnis dieser Technik. Die Visualisierung ermöglicht einen schnellen Überblick über Abweichungen sowohl für einen einzelnen Indikator als auch

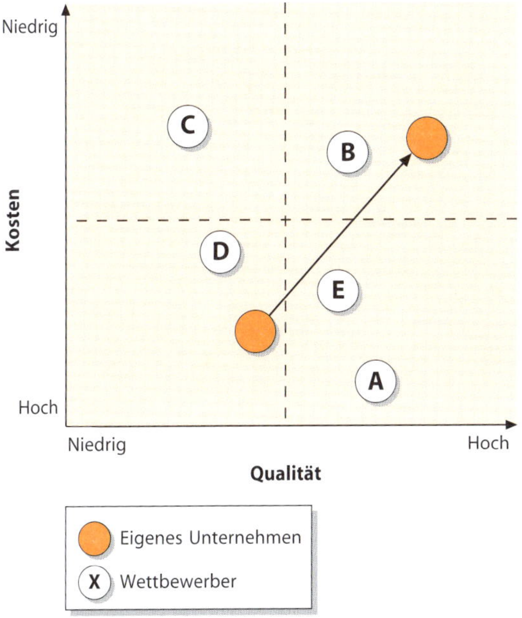

Quelle: McKinsey.

Bild 19: *Beispiel eines Portfolios: Vergleich des eigenen Unternehmens mit Wettbewerbern*

im Vergleich untereinander. Aus der übersichtlichen Darstellung lassen sich so Verbesserungspotenziale ableiten.

WIE GEHE ICH VOR?

1) Zunächst müssen die zu bewertenden Zielsetzungen bzw. Kategorien festgelegt werden. Die Anzahl sollte zwischen fünf und acht liegen.

2) Beim Erstellen des Radardiagramms wird für jede Kategorie eine Speiche bereitgestellt. Der jeweilige Sollwert wird als äußerer Kreis hinzugefügt; dieser entspricht dabei einer Bewertung als 100%ige Zielerreichung.
3) Die einzelnen Kategorien werden hinsichtlich ihres Istzustandes bewertet.
4) Die Werte werden über Linien miteinander verbunden.

Stärken/Schwächen

Die *grafische* Darstellung zeigt rasch und einfach Schwachstellen auf. Verbesserungspotenziale bzw. Defizite werden unmittelbar sichtbar.

Bild 20 zeigt die Zielerreichungsgrade von verschiedenen unternehmensinternen Audits.

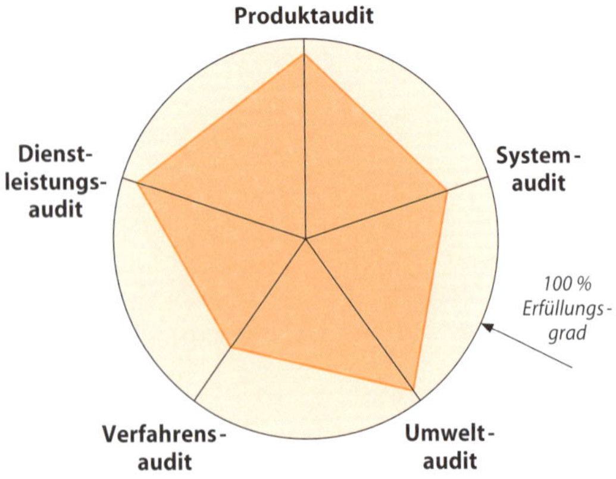

Bild 20: *Beispiel für ein Radardiagramm*

3.2.7 Relationendiagramm

WORUM GEHT ES?

Das Relationendiagramm geht von einem zentralen Problem oder einer zentralen Idee aus und zeigt Zusammenhänge mit anderen Gegebenheiten auf. Mit diesem Diagramm wird das Denken in Zusammenhängen stark gefördert.

WAS BRINGT ES?

Mit dem Relationendiagramm lassen sich komplexe nichtlineare Zusammenhänge darstellen. Beziehungen zwischen verschiedenen Faktoren werden herausgearbeitet.

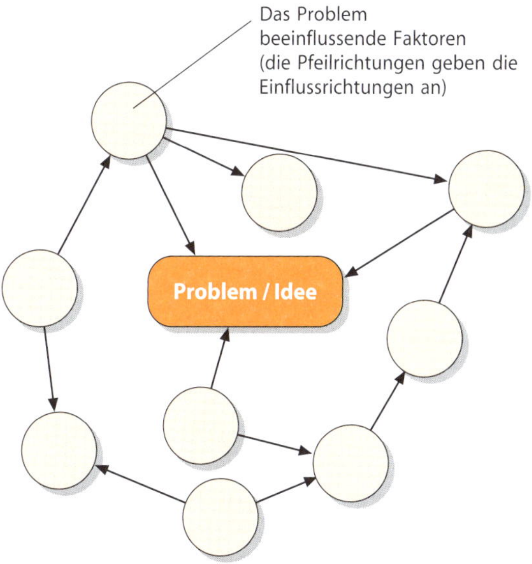

Bild 21: *Schematische Darstellung des Relationendiagramms*

WIE GEHE ICH VOR?

Das Relationendiagramm wird mit Hilfe von Karten und einer Pinnwand erstellt. Zunächst wird das Ausgangsproblem auf eine Karte geschrieben und angeheftet. Durch Diskussion unter den Teamteilnehmern werden weitere Aspekte, die das Problem betreffen, ermittelt und jeweils auf eine Karte geschrieben. Die Karten werden an die Pinnwand angeheftet und deren Beziehungen herausgearbeitet. Die Beziehungen werden als Pfeile eingezeichnet. Diese sollen nur in eine Richtung weisen, ggf. muss das Team sich in der Diskussion für die stärkere Einflussrichtung entscheiden. Das Ergebnis ist eine strukturierte Darstellung der Wechselwirkungen verschiedener Aspekte eines Problems. Für die Teilnehmer der Diskussion ist das für den Außenstehenden zunächst verwirrend erscheinende Bild gut nachvollziehbar und gibt den Gedankengang der Gruppe wieder.

Das Relationendiagramm wird auch eingesetzt, um komplexe, individuelle Gedankengänge festzuhalten, die zu einem späteren Zeitpunkt weiterverfolgt werden sollen. Diese individuelle Anwendung nennt sich Mind-Mapping.

3.2.8 Ursache-Wirkungs-Diagramm

WORUM GEHT ES?

Die Technik ermöglicht die Analyse einer Wirkung bzw. eines Problems mit unbekannter Ursache. Dabei werden die Schwachstellen identifiziert und die Schadenswege nachvollziehbar gemacht. Das Ursache-Wirkungs-Diagramm wird auch nach seinem Erfinder Ishikawa-Diagramm oder seiner Form nach Fischgrätendiagramm genannt.

Bild 22: *Beispiel für ein Relationendiagramm*

WAS BRINGT ES?

Die möglichen Ursachen für eine Wirkung werden grafisch übersichtlich dargestellt. Das Know-how des gesamten Teams wird bei dieser Technik eingebracht.

WIE GEHE ICH VOR?

1) Zunächst wird ein grafisches Grundgerüst („Fischgräten") mit den Oberbegriffen *Mensch, Maschine, Material* und *Methode* erstellt, falls sinnvoll, in der erweiterten Form mit *Messmittel, Management* und *Milieu* (vgl. Bild 23). Auch hier ist die Verwendung von Pinnwänden und Karten zu empfehlen.

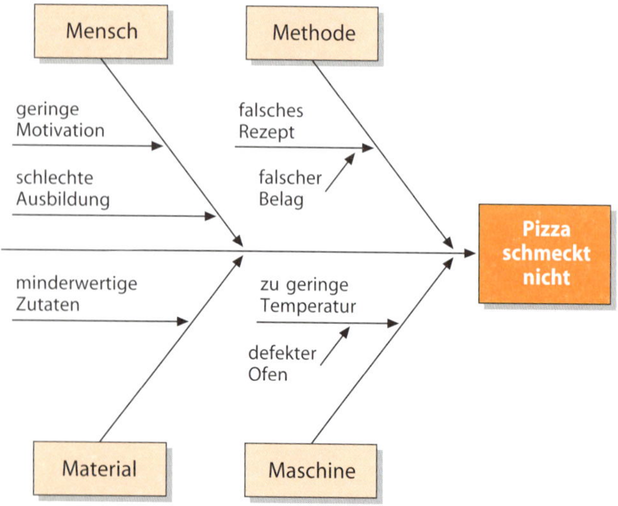

Bild 23: *Beispiel für ein Ursache-Wirkungs-Diagramm*

2) Zu jedem der einzelnen Oberbegriffe wird ein *Brainstorming* zur Identifizierung möglicher Ursachen durchgeführt.
3) Innerhalb der einzelnen Oberbegriffe werden die Prozessschritte eingeordnet, von denen ein Zusammenhang mit der Problemursache vermutet wird.
4) Die Analyse des gesamten Diagramms und die Ermittlung der vermutlich verantwortlichen Fehlerursachen schließt diese Technik ab.

Stärken/Schwächen

Die vorstrukturierte Problem-Ursachen-Landschaft erleichtert die Bearbeitung.

3.2.9 Zielanalyse

WORUM GEHT ES?

Die Zielanalyse dient der Erstellung eines Zielsystems der Zustandsbewertung bzw. zur Bewertung von systemverändernden Maßnahmen.

WAS BRINGT ES?

Ergebnis ist ein auf die Problemstellung abgestimmtes Zielsystem. Ober- und Unterziele werden strukturiert dargestellt, die zur Erreichung des Hauptziels notwendigen Teilziele formuliert.

WIE GEHE ICH VOR?

1) Zunächst wird nach für das Hauptziel relevanten Zielen, z. B. mittels *Brainstorming* (s. S. 40), gesucht. Hieraus wird

ein ungeordneter Zielkatalog gebildet. Es zeigt sich immer wieder in der Teamarbeit, dass die einzelnen Teilnehmer unterschiedliche Vorstellungen von den zu erreichenden Zielen haben.

2) Aus dem Katalog wird eine Zielhierarchie erstellt, die auf jeder Stufe gleichrangige Ziele enthält.
3) Die Zielhierarchie wird so lange auf Überschneidungsfreiheit und Vollständigkeit der einzelnen Ziele hin überprüft, bis die einzelnen Ziele eindeutig und überschneidungsfrei sind.
4) Die Ziele der untersten Zielebene werden durch Indikatoren (Zielwerte) operationalisiert, ihnen werden Gütefaktoren zur Messung und Prüfung der Zielerreichung zugeordnet.
5) Die Zielelemente werden gegeneinander gewichtet, um so Prioritäten zum Ausdruck zu bringen. Die Summe der Gewichte auf einer Ebene muss immer 100 % ergeben.

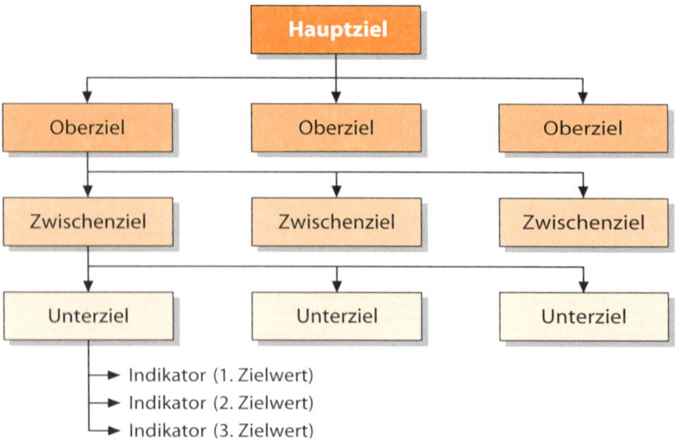

Bild 24: *Schema eines Zielsystems*

Stärken/Schwächen

Die Ziele des Systems sind stark durch den Bearbeiter geprägt, ihnen fehlt häufig eine allgemein gültige Aussagekraft.

Das Ergebnis gilt nur zeitpunktbezogen.

3.3 Suchtechniken

3.3.1 Brainwriting

WORUM GEHT ES?

Brainwriting ist eine leichte Abwandlung des „Klassikers“ *Brainstorming*. Hierbei findet die Kommunikation und gegenseitige Stimulation auf schriftlichem Wege statt. Sie ist somit zeitaufwändiger als das reine Brainstorming. Analog dazu erleichtert diese Methode durch eine rasche Sammlung von „Geistesblitzen“ die Ideenfindung auf fast allen Gebieten.

WAS BRINGT ES?

Als Ergebnis wird der Anwender eine umfangreiche Sammlung eines großen Ideenspektrums erhalten. Durch den im Vergleich zum Brainstorming ausführlicheren Ideenaustausch erhält die Gruppe in aller Regel eine umfangreichere Ideensammlung.

WIE GEHE ICH VOR?

1) Zu Beginn wird die Aufgabenstellung definiert und abgegrenzt.
2) Zur Bearbeitung werden geeignete Formulare verteilt.
3) Jeder Teilnehmer trägt zwei bis vier Lösungsvorschläge in das Formular ein.
4) Bearbeitete Formulare werden auf die Mitte des Tisches gelegt.
5) Jeder Teilnehmer nimmt sich ein von einem anderen bearbeitetes Formular, liest sich die notierten Ideen durch und kann nun wiederum eigene weitere Lösungsvorschläge anfügen.
6) Schritt 5 wird wiederholt, bis jeder Teilnehmer alle Formulare gelesen und gegebenenfalls erweitert hat.
7) Die Ideen werden zusammengetragen und auf ihre Verwendbarkeit hin überprüft.

Stärken/Schwächen

☺ Ideen anderer können zu neuen Vorschlägen anregen.

☺ Beim Brainwriting ist es nicht unbedingt notwendig, dass sich die Teamteilnehmer in einem Raum versammeln müssen. Das Ausfüllen der Formulare kann auch während der Arbeitszeit am eigenen Schreibtisch erfolgen. Zudem haben die Teilnehmer mehr Zeit, über die Ideen ihrer Vorgänger nachzudenken. Nachteil: Ist der zeitliche Abstand zwischen der Weitergabe der Formulare zu groß, bricht der Ideenfluss möglicherweise ab.
Durch das schriftliche Diskutieren erhält jeder die gleiche Chance, sich bei der Ideenfindung einzubringen.

Problem		
Welchen zusätzlichen Service könnten wir als Möbelspedition unseren Kunden anbieten?		
Teilnehmer		
Müller, Maier, Krämer, Walter, Schwarz, Rösch		
Vorschläge		
Reinigen der Möbel (Müller)	*Transportservice für Haustiere (Müller)*	*Bewachung wertvoller Gegenstände (Müller)*
Bei Bedarf neue Möbel anbieten / vermitteln (Maier)	*Pension für Haustiere eröffnen (Maier)*	*Übernacht-(24 h-) Umzugsservice anbieten (Maier)*
Möbelverleih betreiben (Krämer)	*Umzüge typspezifisch anbieten, z.B. für Manager, Familien (Krämer)*	*Sofortservice anbieten (Krämer)*
... *(Walter)*	... *(Walter)*	... *(Walter)*
... *(Schwarz)*	... *(Schwarz)*	... *(Schwarz)*
... *(Rösch)*	... *(Rösch)*	... *(Rösch)*

Bild 25: *Beispiel eines Brainwriting-Formulars*

3.3.2 Entscheidungsbaum/ Problementscheidungsplan

WORUM GEHT ES?

Der Entscheidungsbaum hilft bei der Bestimmung der wahrscheinlichsten Strategie aus einer begrenzten Zahl möglicher Alternativen. Grundlage hierfür bildet die Wahrscheinlichkeitsrechnung. Eine klare und übersichtliche Entscheidungssituation mit eindeutiger Zieldefinition und einer beschränkten Anzahl von Handlungsalternativen ist die Voraussetzung dieses Werkzeugs.

WAS BRINGT ES?

Als Ergebnis erhält der Anwender eine Auflistung der einzelnen Alternativen mit Angaben über ihre relativen Eintrittswahrscheinlichkeiten. Eine Prognose für die Strategie mit dem höchsten Erwartungswert ermöglicht die Auswahl der erfolgversprechenden Handlungsalternativen.

WIE GEHE ICH VOR?

1) Anzustrebende Ziele, z. B. für eine Problemlösung, werden festgelegt.
2) Die möglichen Strategien zur Lösung werden formuliert.
3) Für jede Strategiealternative werden die Ereignisse definiert, die jeweils auftreten können.
4) Für die einzelnen Ereignisse werden entsprechende Entscheidungskriterien abgeleitet: „Was muss passieren, damit ein bestimmtes Ereignis eintritt?“
5) Für das Eintreten der einzelnen Ereignisse werden Wahrscheinlichkeiten geschätzt.
6) Anschließend erfolgt die Bestimmung der Eintrittswahrscheinlichkeiten für die einzelnen Strategiealternativen.

7) Es wird die Strategie ausgesucht, die das Problem auf Basis der Berechnungen am besten löst.
8) In einem weiteren Schritt können Möglichkeiten analysiert werden, wie die einzelnen Prozessschritte auf ein höheres Wahrscheinlichkeitsniveau gehoben werden können. Durch die Modifikation kann sich eine neue optimale Strategie ergeben.

Stärken/Schwächen

- Der Aufwand für eine Strategieableitung ist gering.
- Man erhält ein qualitativ hochwertiges Ergebnis, vorausgesetzt, die einzelnen Eintrittswahrscheinlichkeiten beruhen auf einer soliden Informationsbasis.

Variation: Problementscheidungsplan

Eine Variation des Entscheidungsbaums ist der Problementscheidungsplan. Dieser wird angefertigt, um möglichen Schwierigkeiten bei der Umsetzung einzelner Teilschritte einer Lösung vorzubeugen. Ähnlich der Fehlermöglichkeits- und -einflussanalyse (siehe hierzu Pocket Power „Qualitätstechniken") werden schon im Vorfeld alle potenziellen Hindernisse untersucht und geeignete Gegenmaßnahmen festgelegt.

3.3.3 Morphologischer Kasten

WORUM GEHT ES?

Die Lösung des Problems soll durch eine Zerlegung in Einzelaspekte erreicht werden. Bei dem Morphologischen Kasten wird ein Problem zweidimensional klassifiziert.

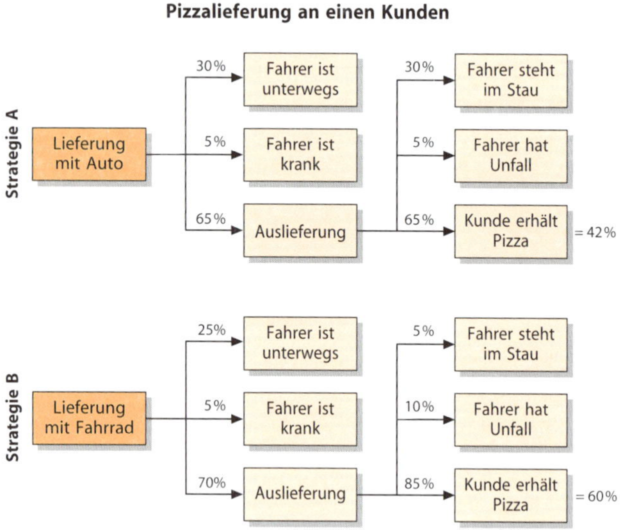

Bild 26: *Beispiel für einen Entscheidungsbaum: Analysiert wird das Problem: „Welche Strategie ist für eine Pizzaauslieferung die geeignetste?" Der Kunde soll mit hoher Wahrscheinlichkeit seine Pizza erhalten. Die Prozentzahlen geben den Erfahrungswert für das jeweilige Eintreten eines Ereignisses an. Aus der Multiplikation der jeweiligen Einzelereignisse ergibt sich die Gesamtwahrscheinlichkeit für die Strategie. In diesem Fall ist Strategie B zu wählen, der Kunde erhält mit 60 %iger Wahrscheinlichkeit seine Pizza.*

Dadurch wird es möglich, eine strukturelle und funktionale Durchdringung zu erreichen. Das Werkzeug wird hauptsächlich bei Konstellationsproblemen eingesetzt, kann aber auch ein abgegrenztes Suchproblem unterstützen.

Das Wort „Morphologie“ ist griechischen Ursprungs und bedeutet „Lehre der Gestaltung, Strukturierung, Formung“. Jede nach einem bestimmten Verfahren hergestellte Ordnung wird als Morphologie bezeichnet. Daher spricht man auch von der „Lehre des geordneten Denkens“.

WAS BRINGT ES?

Besonders für Personen, die es gewohnt sind, technisch-analytisch zu denken, ist diese Methode empfehlenswert, da sie an die gewohnte Herangehensweise von Problemen erinnert.

Zu lösende Probleme werden in abgegrenzte Teilaspekte zerlegt und diese Bereiche dann jeweils variiert. Durch beliebige Variation entstehen zahlreiche neue potenzielle Lösungswege, so dass die Wahrscheinlichkeit steigt, möglichst nahe am denkbaren Lösungsoptimum zu liegen. Der vorschnellen Bewertung von Lösungen und dem Verharren auf einer vermeintlich guten Lösung wird entgegengewirkt. Durch die Anwendung des Morphologischen Kastens werden Defizite bisheriger Lösungen rasch erkannt, die man nun beseitigen kann.

Ein weiterer Vorteil des Morphologischen Kastens ist die quasi automatische Protokollierung der Ergebnisse auf dem Formular. Das Werkzeug ist sowohl für die Gruppenanwendung als auch für die Einzelbearbeitung geeignet. Mit der Erstellung eines Morphologischen Kastens sollten Fachleute betraut werden. Der Schwierigkeitsgrad dieses Werkzeugs ist relativ hoch. Wird ein Morphologischer Kasten in einer Gruppe erstellt, werden hohe Anforderungen an den Moderator gestellt.

WIE GEHE ICH VOR?

1) Analyse und Definition des Problems.
2) Bestimmung der Parameter: Merkmale, die bei allen Lösungen z. T. unterschiedlich gestaltet vorkommen, werden zu übergeordneten Parametern zusammengefasst und in die erste Spalte des Formulars eingetragen (Bild 27).
3) Bestimmung der möglichen Ausprägungen der Parameter: Sie werden rechts in die Felder neben den Parametern eingetragen.
4) Bestimmung der Alternativen. Jede mögliche Kombination einzelner Ausprägungen stellt eine Lösung dar, die mit einer Linie verbunden wird. Es ergeben sich in der Regel zahlreiche Lösungen.
5) Alternativenauswahl. Erst jetzt werden die technisch oder wirtschaftlich nicht interessanten Lösungsalternativen ausgeschlossen.

Stellen Sie zuerst eine einfache Liste möglicher Parameter auf, und überarbeiten Sie sie so lange, bis folgende drei Anforderungen erfüllt werden:

- *Logische Unabhängigkeit.* Wenn sich Parameter wechselseitig bedingen, können die Ausprägungen nicht mehr zu alternativen Gesamtlösungen kombiniert werden.
- *Allgemeine Gültigkeit.* Die Parameter sollten auf sämtliche Lösungen zutreffen und nicht nur auf eine Teilmenge.
- *Relevanz.* Unwesentliche Details machen den Morphologischen Kasten unübersichtlich und erschweren die Auswahl der relevanten neuen Kombinationen.

Die Gesamtparameterzahl sollte nicht über 7 liegen.

Wie können wir unsere Betriebskantine organisieren?

Parameter	Parameterausprägung			
Öffnungszeiten	7 h bis 16 h	7 h bis 11 h	11 h bis 14 h	14 h bis 17 h
Bedienung	Selbstbedienung	am Tisch	Automat	Bestellservice
Hauptgerichte	normale Mischkost	Vollwertkost	exotisch	vegetarisch
Art der Gerichte	Tellergerichte	Zusammenstellung		abgepackte Fertiggerichte
Preisniveau	5 DM	8 DM	12 DM	15 DM
Zusatzangebote	Salate und Obst	Snacks	Nachtisch	Gebäck

Bild 27: *Morphologischer Kasten am Beispiel des Problems „Wie können wir unsere Betriebskantine organisieren?" mit drei möglichen Lösungswegen*

Achtung! Auch Ausprägungen, die für sich genommen keine optimalen Lösungen darstellen, können durch Kombinationen mit anderen Ausprägungen zu sehr guten Gesamtlösungen führen.

Daher: Vorzeitige Kritik und Bewertung vermeiden.

Durch Zerlegung in Teilmatrizen kann die sich schnell ergebende hohe Komplexität reduziert werden.

Der kritische Schritt ist das vollständige Herauskristallisieren der Parameter. Mit Hilfe einer Reihe von Techniken kann man aber das Problemverständnis erhöhen und so zu der Erfassung der Parameter kommen:

- Betrachtung von existierenden Einzellösungen und anschließende Verallgemeinerung des Parameters.
- Die bekannten W-Fragen: Was? Wann? Wo? Warum? Wer? Wie?

  ...

3.4 Prognosetechniken

3.4.1 Delphi

WORUM GEHT ES?

Mit Delphi ist es möglich, zeitliche Prognosen von erwarteten Ereignissen zu erstellen. Dabei wird vorhandenes Expertenwissen in mehreren Stufen abgefragt, ausgewertet und zusammengefasst.

WAS BRINGT ES?

Schätzwerte für den Eintritt von Ereignissen bilden das Resultat.

WIE GEHE ICH VOR?

1) Die für die Befragung ausgewählten Experten werden festgelegt und eingeladen mitzuwirken.
2) Der zeitliche und inhaltliche Rahmen wird in einem Projektplan festgelegt.
3) Die zu bearbeitende Fragestellung wird in die Form eines Fragebogens umgesetzt, den die Experten zu bearbeiten haben. Ggf. kann auch ein Interview erfolgen.
4) Die Fragebögen werden an die Experten versandt. Nach der Rücksendung erfolgt die Auswertung der Fragebögen, und die vorherrschende Meinung wird ermittelt.
5) Die Ergebnisse werden an die Experten versendet, die eine von der vorherrschenden Meinung abweichende Ansicht vertreten. Sollten sie bei ihrer Ansicht bleiben, werden sie gebeten, dies zu begründen.
6) Die dritte Fragerunde erfolgt analog zu Schritt 5. Zusätzlich müssen die Vertreter der vorherrschenden Meinung zu den Begründungen der „Abweichler“ Stellung nehmen.
7) Die vierte Fragerunde erfolgt analog zu Schritt 6. Im Normalfall sind die Ergebnisse bereits recht stabil.

Stärken/Schwächen

Bei einer sinnvollen Expertenauswahl ergeben sich qualitativ hochwertige Ergebnisse.

Bei langfristigen Befragungen können externe Störfaktoren das Ergebnis verfälschen.

3.4.2 Netzplantechnik

WORUM GEHT ES?

Im Rahmen der Planungs- und Durchführungsphase komplexer Projekte ist eine Abschätzung der voraussichtlichen Dauer bzw. die Überwachung des zeitlichen Verlaufes eines Projektes von Bedeutung.

WAS BRINGT ES?

Ein Netzplan mit den erforderlichen Tätigkeiten und Angaben über Dauer, frühesten bzw. spätesten Anfangs- und Endtermin, mit dem kritischen Pfad und den Pufferzeiten ist das Ergebnis.

WIE GEHE ICH VOR?

1) Die einzelnen Tätigkeiten, z. B. im Rahmen einer Projektumsetzung, werden zunächst identifiziert.
2) Nun folgt die grafische Darstellung der einzelnen Tätigkeiten und ihrer Verknüpfungen in Form eines Netzplans.
3) Die frühest möglichen Anfangstermine für die einzelnen Tätigkeiten werden errechnet.
4) Weiterhin werden die spätest möglichen Endtermine für jede Tätigkeit bestimmt.
5) Aus diesen Terminen lässt sich der kritische Pfad des Netzplanes ermitteln. Es wird ersichtlich, wie sich die Tätigkeiten von ihrer geplanten Zeitdauer her gegenseitig beeinflussen.

Stärken/Schwächen

Die Netzplantechnik ermöglicht einen effektiven Einsatz von Ressourcen (Zeit, Maschinenkapazitäten, Personal usw.).

Der Einsatz dieser Methode lohnt nur bei sehr umfangreichen bzw. unübersichtlichen Projekten.

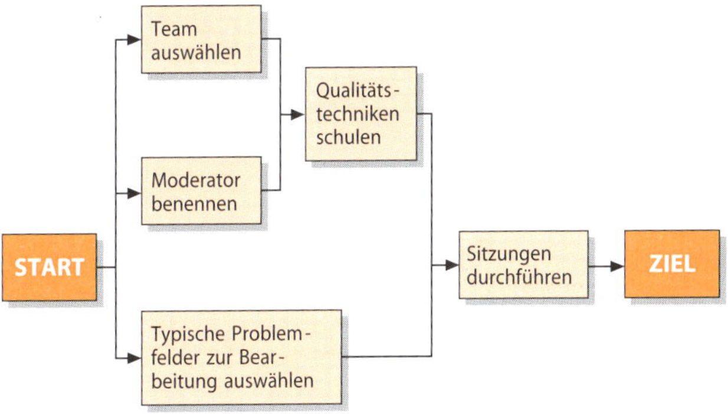

Bild 28: *Beispiel eines einfachen Netzplans*

3.4.3 Szenariotechnik

WORUM GEHT ES?

Die Szenariotechnik ist ein Werkzeug zur Zukunftsanalyse. Ein Szenario ist eine vorwärts geschriebene Geschichte, die eine angenommene zukünftige Lage beschreibt. Aus der Vergangenheit und der Gegenwart versucht man, mit systematischen und logischen Schritten mögliche Zukunftsbilder zu entwickeln. In der Zukunft nimmt die Bedeutung der heute wirksamen Faktoren ab. Stattdessen gibt es eine Vielzahl von möglichen neuen relevanten Einflüssen. Damit öffnet sich ein Spektrum möglicher Zukunftsbilder in Form eines Trichters (Bild 29).

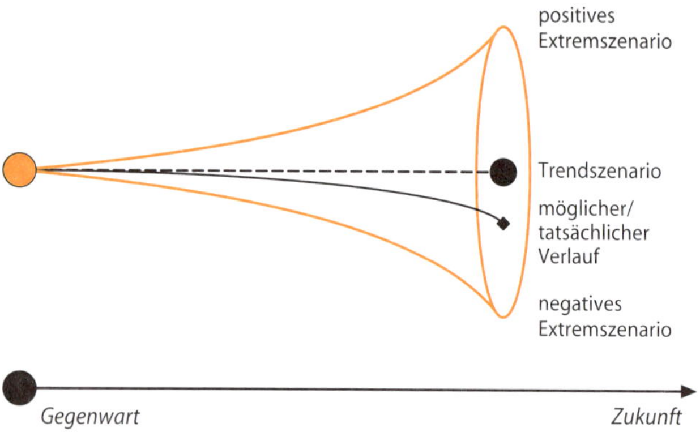

Quelle: Knieß, M.: Kreatives Arbeiten, München 1995.

Bild 29: *Der Szenariotrichter*

WAS BRINGT ES?

Das menschliche Denken hat die Tendenz, sich an der Vergangenheit zu orientieren und die Erfahrungen zu extrapolieren. Für die Entwicklung neuer kreativer Ideen heißt das häufig, dass man Lösungen für die Vergangenheit produziert, um damit in der Zukunft erfolgreich zu sein. Szenarioanalysen öffnen die Augen für die Chancen und die Gefahren der Zukunft und schaffen Spielraum, um adäquat auf Unvorhergesehenes einzugehen.

WIE GEHE ICH VOR?

1) Eine zeitliche und räumliche Abgrenzung des Szenarios ermöglicht es, den möglichen Ablauf aufs Wesentliche zu beschränken.
2) Annahmen über die möglichen Entwicklungen der Systemumwelt werden z.B. mittels eines *Brainstormings* ermittelt.
3) Eine Aufteilung des Szenarios in Teilbereiche (ökonomisch, technisch etc.) dient der Konkretisierung der Entwicklungswege.
4) In einer grafischen Darstellung wird der Entwicklungsprozess aufgezeigt.
5) Die Teilszenarien werden zeitlich geordnet mit den erwarteten Ereignissen ausgefüllt. Dabei sollten die Teilszenarien untereinander abgestimmt werden.
6) Die Teilszenarien werden zu alternativen Drehbüchern logisch verknüpft.
7) Abschließend werden die Szenarien zu einem Drehbuch zusammengefasst und die jeweiligen Eintrittswahrscheinlichkeiten bestimmt.
8) Erstellen eines Maßnahmenkataloges: Unter Zuhilfenahme der erstellten Szenarien werden nun entsprechend Maßnahmen für das Unternehmen konzipiert.

Stärken/Schwächen

Die Kreativität der Teilnehmer wird stark gefördert.

Ein hoher zeitlicher Aufwand ist notwendig.

3.5 Bewertungstechniken

3.5.1 Kosten-Nutzen-Analyse

WORUM GEHT ES?

Um eine ökonomische Bewertung von Maßnahmen durchführen zu können, wird bei der Kosten-Nutzen-Analyse der resultierende Nutzen einer Maßnahme unter Berücksichtigung ihrer Kosten berechnet. Nutzen als dimensionslose Einheit und Kosten in Geldeinheiten lassen sich auf diesem Weg miteinander verknüpfen.

WAS BRINGT ES?

Für die einzelnen Maßnahmen erhält man eine Kennzahl; ein Vergleich wird möglich.

WIE GEHE ICH VOR?

1) Die Kosten der Maßnahme werden in Geldeinheiten bestimmt.
2) Der mögliche Nutzen der Maßnahme wird qualitativ ermittelt.
3) Den einzelnen Nutzenniveaus werden die Geldeinheiten zugeordnet, die im Falle einer Realisierung aufgewendet werden müssen. Sollte in einem Nutzen kein direkter Betrag zugeteilt werden, können Schattenpreise zugeordnet werden.
4) Die einzelnen Resultate werden aufsummiert. Das Verhältnis von Nutzenniveau zu Kosten ermöglicht eine Analyse und einen Vergleich der Alternativen, so dass sich eine Rangfolge aufstellen lässt.

Stärken/Schwächen

Ein entstehender Nutzen kann unter Berücksichtigung der erforderlichen Kosten vergleichbar gemacht werden.

Die Analyse geht von der Annahme aus, dass jedem Nutzen ein monetärer Betrag zugeordnet werden kann.

3.5.2 Nutzwertanalyse

WORUM GEHT ES?

In einer Entscheidungssituation liefert die Nutzwertanalyse eine Bewertung der alternativen Maßnahmen.

WAS BRINGT ES?

Die Maßnahmen werden in einer Rangordnung nach ihren Nutzwerten gegliedert.

WIE GEHE ICH VOR?

1) Mit Hilfe eines Zielbaumes werden systematisch die Projektziele aufgestellt.
2) Den Zielkriterien werden entsprechend ihrer Bedeutung relative Gewichte zugeordnet. *Für jede Maßnahme sind die Schritte 3 bis 5 durchzuführen.*
3) Die Zielkriterien werden hinsichtlich ihrer Erfüllung mittels eines Zielertrages bewertet.
4) Aus dem Produkt von Gewichtung und Zielertrag ergibt sich ein Teilnutzwert.
5) Die Summe der Teilnutzwerte bestimmt den Gesamtnutzwert einer Maßnahme.

6) Ein Vergleich der Gesamtnutzwerte der einzelnen Maßnahmen ermöglicht die Aufstellung einer Rangfolge.

Stärken/Schwächen

Monetäre und nichtmonetäre Ziele werden durch Betrachtung der Zielerreichung vergleichbar.

3.5.3 Paarweiser Vergleich

WORUM GEHT ES?

Stehen mehrere Alternativen zur Auswahl, bietet sich ein relativer Vergleich an, um zu einer Entscheidung innerhalb dieser Alternativen zu kommen.

WAS BRINGT ES?

Die Alternativen werden in einer Rangliste dargestellt. Das Ergebnis fördert den Konsens unter den Teammitgliedern, sich aus einem Pool von Alternativen auf die wichtigsten zu verständigen.

WIE GEHE ICH VOR?

1) Eine symmetrische Tabelle mit den einzelnen Zielen/Alternativen auf der X- und der Y-Achse wird aufgestellt (siehe Bild 30).
2) Die Tabelle mit dem jeweiligen Vergleichswert der beiden Alternativen wird vollständig ausgefüllt. Dabei wird die Frage gestellt, welche der beiden Möglichkeiten die gestellte Fragestellung besser erfüllt. Auf einer Skala von +9 (wesentlich besser) über 0 (Alternativen gleichbedeutend) bis –9 (wesentlich schlechter) kann die Gewichtung durchgeführt werden.

3) Die Zeilensumme als Relevanzziffer für die relative Bedeutung eines Zieles wird gebildet.
4) Die Zeilen werden normiert und die Summen der normierten Spalte berechnet. Um zu gewährleisten, im Weiteren mit positiven Zahlen arbeiten zu können, wird jedem Wert der größtmögliche negative Wert hinzuaddiert. Bei einer maximalen negativen Bewertung von –9 und – in diesem Beispiel – vier Elementen beträgt dieser Wert 9 × 4 = 36. Die relative Sendestärke berechnet sich aus dem Verhältnis von normiertem Spaltenwert zu mittlerem Spaltenwert und die relative Empfangsbereitschaft aus dem Verhältnis von normiertem Zeilenwert zu mittlerem Zeilenwert.
5) Die relative Bedeutung wird durch Division des normierten Zeilenwertes durch die Summe der normierten Spalte berechnet.
6) Entsprechend der relativen Bedeutung werden den Alternativen Rangplätze zugeordnet.

Teilziele	A	B	C	D	Zeilen-summe	Zeilen-summe normiert (+36)	Relative Bedeu-tung (in %)	Rang
Liefertreue (A)		7	5	6	18	54	41,7	1
Liefer-flexibilität (B)	-7		2	-3	-8	28	17,6	4
Änderungs-flexibilität (C)	-5	-2		0	-7	29	18,5	3
Service-fähigkeit (D)	-6	3	0		-3	33	22,2	2
Summe						**144**	**100**	

Bild 30: *Beispiel für einen paarweisen Vergleich*

Stärken/Schwächen

Die hohe Anzahl von Einzelurteilen führt durch das systematische Vorgehen zu einer hohen Aussagekraft.

Die Skalen haben Grenzen bei den Differenzierungsmöglichkeiten.

3.5.4 Paretodiagramm

WORUM GEHT ES?

Das Paretodiagramm ordnet verschiedene Merkmale nach ihrer Größe.

WAS BRINGT ES?

Durch die Sortierung können die Fehler lokalisiert werden, die für den größten Teil der Auswirkungen, z. B. der entstehenden Kosten, verantwortlich sind.

WIE GEHE ICH VOR?

1) Bestimmung der Variablen bzw. Ausprägungen
2) Auswahl des Datentyps Kosten oder Häufigkeit
3) Festlegung des Messzeitraumes
4) Erhebung der Daten
5) Berechnung der relativen Häufigkeit
6) Kumulierte Darstellung der Werte, geordnet nach ihrer Größe, Variable bzw. Ausprägung

Stärken/Schwächen

Das Diagramm zeigt die Hauptursachen auf, ausgehend von der Annahme, dass 20 bis 30 % der Ursachen 70 bis 80 % der Probleme verursachen (Paretoprinzip).

	Fehlerart	Anzahl n	Fehlergewichtung G	n×G
1	Kratzer	𝍸 II	3	21
2	Korrosion	IIII	1	4
3	Lackfehler	𝍸 𝍸 II	5	60
4	Risse	III	9	27
5	Sonstiges	𝍸	1	5

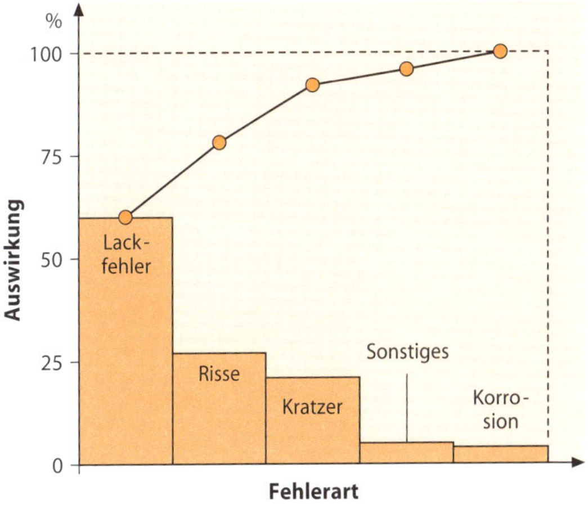

Bild 31: *Beispiel für ein Paretodiagramm, erstellt auf Basis der Daten aus einer Fehlersammelliste*

3.5.5 Wertschöpfungsanalyse

WORUM GEHT ES?

Um die Leistungsfähigkeit aller unternehmerischen Prozesse ständig zu verbessern, können mit Hilfe der Wertschöpfungsanalyse werterhöhende von wertneutralen und wertmindernden Tätigkeiten (Leistungsarten) unterschieden werden. Ausgehend vom gesamten Ressourcenverzehr (Aufwand) eines Unternehmens zeigt Bild 32 deren prozentuale Anteile, wie sie sich in Unternehmen einstellen können.

WAS BRINGT ES?

Durch Identifizierung und Quantifizierung der verschiedenen Leistungsarten bekommt man eine fundierte Aus-

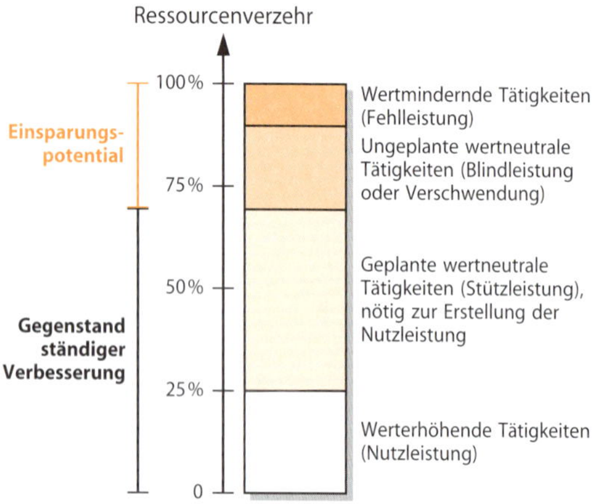

Bild 32: *Prinzipielle Anteile werterhöhender, wertneutraler und wertmindernder Tätigkeiten*

gangsbasis zum Einleiten und Umsetzen konkreter Verbesserungsmaßnahmen. Verbesserungen erfolgen nicht nur aus dem „Gefühl“ heraus, sondern können gezielt angegangen werden.

WIE GEHE ICH VOR?

Zur Bestimmung der Leistungsfähigkeit eines Prozesses wird dieser zunächst, z. B. durch ein Flussdiagramm, in seine Tätigkeiten (Istzustand) zerlegt. Anschließend werden sämtliche Tätigkeiten in vier Leistungsarten eingeteilt: Nutz-, Stütz-, Blind- und Fehlleistungen (Bild 33):

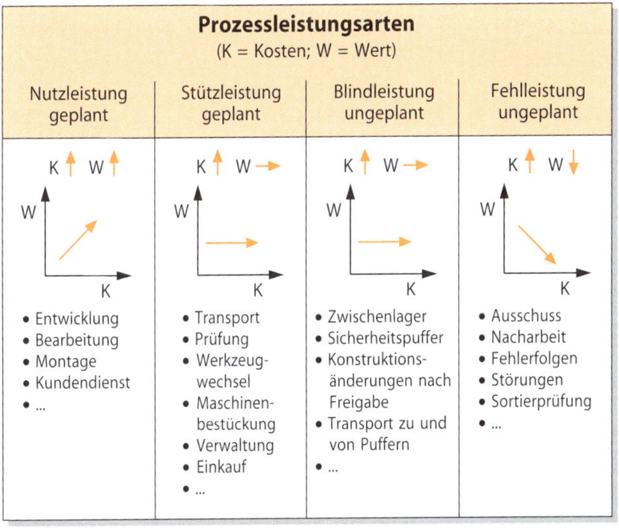

Bild 33: *Die vier Leistungsarten: Nutz-, Stütz-, Blind- und Fehlleistungen*

- *Nutzleistungen* beinhalten alle geplanten wertschöpfenden Tätigkeiten.
- Als *Stützleistung* werden sämtliche Tätigkeiten bezeichnet, die für die Erbringung der Nutzleistung notwendig sind.
- Die Unvollkommenheit der geplanten Wertschöpfungskette führt zu ungeplanten Tätigkeiten, die als *Blindleistung* bezeichnet werden.
- *Fehlleistungen* entstehen ungeplant auf Grund nicht fähiger Prozesse/Tätigkeiten.

Ausgehend von der Bestimmung und Einteilung der Tätigkeiten in die vier Leistungsarten lassen sich Prozessabschnitte identifizieren, die nicht kundenorientiert sind und deshalb entfallen können. Nach verschiedenen Studien beträgt der wertschöpfende Anteil, d. h. die Nutzleistung im Unternehmen, vielfach weniger als 25 % der Gesamtleistung.

Bilden Sie für die Analyse jedes Prozesses ein Team aus den zugehörigen Mitarbeitern, und erläutern Sie ihnen die vier Leistungsarten. Anschließend ordnen die Teammitglieder ihre Tätigkeiten den Leistungsarten zu. Dadurch können Verbesserungsmöglichkeiten aufgedeckt und innerhalb der ständigen Verbesserung genutzt werden.

4 Moderation von Telefonkonferenzen

Telefonkonferenzen als Alternative zur „klassischen" face-to-face-Besprechung sind aus unserer heutigen Zeit nicht mehr wegzudenken. Arbeitsteams, die häufig an unterschiedlichen Orten arbeiten, ja sogar manchmal über die ganze Welt verstreut sind, sind für Zwischenbesprechungen oder Arbeitssitzungen geradezu zwingend auf das Medium Telefon und Internet angewiesen.

Damit eine über das Telefon geführte Besprechung effizient, zielgerichtet und möglichst ohne größere Missverständnisse und „Reibungsverluste" abläuft, bedarf es bei der Moderation solcher Sitzungen gesonderter Vorkehrungen. Denn die besonderen Herausforderungen und Schwierigkeiten bei einer Moderation von Telefonkonferenzen liegen in der

- **Aufrechterhaltung der Konzentration:** Telefonkonferenzen sind anstrengend, da sich die Teilnehmer voll auf ihren Hörsinn konzentrieren müssen, um der Diskussion zu folgen und Stimmen und Stimmungen zu interpretieren. Die sonst so wichtigen nonverbalen Kommunikationsanteile (Gestik, Mimik, Körpersprache) fallen beim Telefonieren weg. Bedeutet z. B. Schweigen Zustimmung, Skepsis, Ablehnung, Desinteresse oder gar Abwesenheit? Auch Ablenkungen der Teilnehmer (z. B. wenn sie in dem Raum, aus dem sie anrufen, nicht ungestört sind) führen schnell dazu, dass sie der Diskussion nicht mehr folgen können.
- **Aufrechterhaltung der Disziplin:** Ist ein Durcheinanderreden in normalen Sitzungen und Besprechungen schon ein Problem, führt es in Telefonkonferenzen blitzschnell

zu Verwirrung und Desorientierung. Ebenso chaotisch wird es, wenn zwei Teilnehmer Nebengespräche miteinander führen oder jemand wiederholt Bemerkungen in ein Gespräch einwirft. Doch auch wenn mehrere Teilnehmer hintereinander vor einem Wortbeitrag nicht ihren Namen voranstellen, wird es (insbesondere bei Telefonkonferenzen mit mehr als vier Teilnehmern) zunehmend schwierig, die Beiträge den richtigen Sprechern zuzuordnen. Eine Telefonstimme klingt immer anders als im face-to-face-Gespräch, da aus technischen Gründen nur die mittleren Frequenzen der Stimmen übertragen werden.

- **eingeschränkten Visualisierungsmöglichkeit**: zwar werden die technischen Möglichkeiten zur Visualisierung von Inhalten einer laufenden Telefonbesprechung immer ausgefeilter, aber ihre Bedienung bedarf einer gewissen Übung, damit sie eine Diskussion sinnvoll und unaufdringlich unterstützen und die Moderation erleichtern. In vielen Fällen kommt es aber auch vor, dass nicht alle Teilnehmer zum Zeitpunkt der Besprechung an einem Ort mit passender technischer Ausstattung sitzen. In diesem Falle fallen „online“-Visualisierungen während der Besprechung ganz weg.

Für die Vorbereitung, Durchführung und Nachbereitung von Telefonkonferenzen werden deshalb im Folgenden einige Grundregeln und Hinweise gegeben, die diese Probleme zumindest teilweise lösen können.

Vorbereitung

Mit der Vorbereitung steht und fällt eine Telefonkonferenz. „Vorbereitung“ bedeutet hier nicht nur die übliche Zielanalyse, wer an der Besprechung teilnimmt und was am Ende der Besprechung herauskommen soll (z. B. eine Entscheidung, ein Meinungsbild, oder ein aktualisierter Informationsstand aller Beteiligten). Vorbereitung bedeutet darüber hinaus die *technische Vorbereitung*, das Erstellen von die Diskussion so weit wie möglich unterstützenden *Vorab-Unterlagen* sowie die Ausarbeitung einer *detaillierten Tagesordnung* und die *Einweisung der Teilnehmer in die Besonderheiten der Telefonkonferenz.*

Technische Vorbereitung

Wichtige Leitfragen hierzu sind: Welche Art von Konferenzschaltung soll gewählt werden (unternehmensinterne Telefonanlage, externe Anbieter)? Sollen sich die Teilnehmer selber einwählen oder werden sie angerufen? Welche technischen Möglichkeiten über das Telefon hinaus stehen allen Teilnehmern zur Verfügung (Internetzugang, interaktives Whiteboard, Application Sharing, Videokonferenz, ggf. eine spezielle Telefonkonferenz-Software mit Umfragen, Tests und Chats) und können mitverwendet werden?

Es gibt zwar eine Fülle von technischen Hilfsmitteln, die man während einer Telefonkonferenz zur Visualisierung nutzen kann, allerdings erfordern sie sowohl beim Moderator als auch bei den Teilnehmern etwas Übung für den Umgang. Im Zweifelsfall verzichten Sie lieber auf technisch anspruchsvolle interaktive Anwendungen, die (vor allem technikunvertraute) Teilnehmer überfordern könnten, und beschränken sich auf einfache Tools zum online-Festhalten von Stichpunkten seitens des Moderators (z.B. über das Whiteboard).

In jedem Falle gilt die Regel: Technik vorher testen! Auch wenn Sie auf externe Anbieter zurückgreifen, die über Zugangscodes angewählt werden müssen, sollten Sie vorher ausprobiert haben, wie es funktioniert und welche Probleme ggf. auftreten könnten.

Vorab-Unterlagen

Mit gut gestalteten Unterlagen zu den wichtigsten Themen kann wertvolle Informations- und Diskussionszeit während der Besprechung eingespart werden. Dazu sollten die Unterlagen in der Reihe der Tagesordnungspunkte angeordnet sein und inhaltlich so übersichtlich sein, dass sich jeder in einer Diskussion nur über mündliche Hinweise schnell zurechtfinden und gezielt bestimmte Grafiken, Stichworte und Aussagen ansteuern kann.

Detaillierte Tagesordnung

Da Telefonkonferenzen anstrengender sind als face-to-face-Besprechungen sollten nicht mehr als 45 min. für die gesamte Telefonkonferenz veranschlagt werden. Nach spätestens 45 min. geht die Aufmerksamkeit der meisten Teilnehmer deutlich nach unten. Eine detaillierte Tagesordnung, die einzelnen Tagesordnungspunkten (TOP) eine begrenzte Bearbeitungszeit sowie eine bestimmte Vorgehensweise in der Bearbeitung zuweist, sorgt für eine höhere Disziplin und schnellere Bearbeitung. Auch die Reihenfolge der TOP sollte bewusst festgelegt werden, da oftmals nicht alle Themen die Anwesenheit *aller* Teilnehmer erfordern. Diejenigen Themen, die mit allen besprochen werden müssen, sollten an den Anfang gestellt werden.

Einweisung der Teilnehmer

In jedem Falle gehört zu der Einladung (Bild 34) der Teilnehmer die technische Einweisung dazu. Wo müssen die Teilnehmer anrufen, wie können sie sich in die Telefonkonferenz „einloggen"? Wo sollen sie anrufen, wenn es technische Probleme beim Einwählen gibt? Warum sollten keine Freisprechanlagen benutzt und Mobilfunkgeräte während einer Konferenz über das Festnetz ausgeschaltet werden?

Darüber hinaus lohnt es sich, zusammen mit der Einladung der Teilnehmer einige Kommunikationsregeln für die telefonische Besprechung mitzuschicken. Vor allem bei großen Gruppen (mit bis zu zehn Konferenzteilnehmern) oder ungeübten Gruppen ist das eine Hilfe.

Kommunikationsregeln können z.B. lauten:

- laut, langsam und deutlich sprechen
- jedem Beitrag kurz den Namen voranstellen
- sich kurz fassen
- auf Nebengespräche verzichten
- alle Unterlagen bereit halten

Bei Teams, die sich noch nicht persönlich untereinander kennen, aber häufiger telefonische Besprechungen in der Zukunft haben werden, stellt eine Teilnehmerliste mit Kurzprofil und Fotos der Teammitglieder eine sehr gute Unterstützung dar.

Einladung zur Telefonkonferenz

Termin	Dienstag, 27. 11. 2007 von 15.30 bis 16.15
Thema	Zwischenergebnisse und weitere Arbeitsschritte zu Projekt x
Anzuwählende Rufnummer	089-987654321
Moderator	Herr Müller
Ihr Zugangscode	066992
techn. Helpline	089-112233

Teilnehmer:

Herr Schneider, Marketing und Projektleitung (München)

Herr Meier, Controlling (Stuttgart)

Frau Johnson, Controlling (Detroit)

Herr Schäfer, Vertriebsleitung (München)

Frau Berger, Marketing (Berlin)

Agenda

TOP.	Zeit	Thema	Zielsetzung	Verantw.	Anlagen zum Thema
1	15.30–15.40	Eintreffen & Begrüßung Tagesordnung	Abstimmung und ggf. Ergänzung der Agenda	Moderation : Herr Müller	
2	15.40–15.50	Stand des Projektes und der Marktanalyse-Zwischenergebnisse	Aktualisierter Informationsstand aller Teammitglieder	Herr Schneider	2.1 Übersicht Zielgruppenanalyse 2.2 Übersicht Wettbewerbsanalyse 2.3 Übersicht Marktsegmentierung
3	15.50–16.00	Marktanalyse- Zwischen-ergebnisse: Kommentare	Meinungsbild und ergänzende Statements aller Teammitglieder	Moderation: Herr Müller	
…	…	…	…	…	…

Hinweise zur Erleichterung der Kommunikation:
- bitte sprechen Sie laut, langsam und deutlich
- nennen Sie bitte vor jedem Wortbeitrag kurz Ihren Namen
- bitte fassen Sie sich kurz

!! Technischer Hinweis !!
Bitte benutzen Sie für die Telefonkonferenz keine Freisprechanlagen und schalten Sie Ihr Handy aus, da es andernfalls zu akustischen Störungen kommen kann!

Bild 34: *Beispiel für eine Telefonkonferenz-Einladung mit Agenda*

Durchführung

Start

Zu Beginn einer Telefonkonferenz sollte nach der Begrüßung durch den Moderator grundsätzlich eine kurze Vorstellungsrunde erfolgen, damit die Stimmen den jeweiligen Namen zugeordnet werden können. Desweiteren müssen auch die Kommunikationsregeln noch einmal erläutert und mit den Teilnehmern explizit vereinbart werden.

Aktive Gesprächssteuerung

Der Moderator ist bei der Steuerung der Diskussion noch stärker als bei normalen Sitzungen gefordert. In der Diskussion einer Telefonkonferenz sind häufig die „schnelleren" Teilnehmer mit ihren Wortbeiträgen im Vorteil. Da man sich nicht mit Handheben, Blickkontakt, Nicken oder ähnlichen nonverbalen Mitteln verständigen kann, obliegt es dem Moderator, die weniger aktiven Teilnehmer direkt anzusprechen und zu einem Kommentar oder einer Meinungsäußerung aufzufordern.

Um die Diskussion stärker zu strukturieren und zu systematisieren und dadurch die Übersicht zu bewahren sowie alle Teilnehmer einzubeziehen, empfiehlt sich folgendes Vorgehen zu jedem Agenda-Punkt:

1) Vorstellen des jeweiligen TOP durch den Moderator (siehe Beispiel-Agenda in Bild 34)
2) Beantworten von Verständnisfragen der Teilnehmer
3) kurze Stellungnahme und Kommentare der Teilnehmer zu den Inhalten des TOP
4) Zusammenfassung der Stellungnahmen und Kommentare durch den Moderator und Klärung des weiterhin

ggf. erforderlichen Klärungsbedarfs zu einzelnen Punkten

5) ggf. Abstimmung der Teilnehmer und kurze Stellungnahme zum Abstimmungsergebnis (am besten reihum)
6) Zusammenfassung des Abstimmungsergebnisses und der getroffenen Entscheidung bzw. der weiteren Schritte

Ohne Notizen während der Diskussion ist ein Telefonkonferenz-Moderator verloren, daher empfiehlt es sich, wichtige Statements und Argumente stichpunktartig auf einem Zettel mitzuschreiben.
Auch die Methode des Mind Mapping (siehe auch Pocket Power „Kreativitätstechniken") hilft, während der Diskussion Übersicht über Haupt- und Nebenthemen zu bewahren.

Methodeneinsatz

Die in Kapitel 3 aufgeführten Moderationstechniken lassen sich nur begrenzt auf Telefonkonferenzen übertragen und setzen zumeist eine Internetverbindung und die parallele Nutzung von entsprechender Software voraus.

Die *Blitzlicht*-Methode ist am ehesten geeignet, um auch ohne Software-Unterstützung sich und den anderen Teilnehmern einen schnellen Überblick über die aktuelle Meinungslage zu verschaffen.

Für die *Visualisierung* von Ideen, Vorschlägen oder Meinungen bedarf es des Einsatzes entsprechender Software, die über eine Internetverbindung die Teilnehmer miteinander „am Bildschirm" vernetzt. Frei verfügbar und auf den meisten Rechnern vorinstalliert ist beispielsweise die Software Netmeeting (von Microsoft). Mit solch einer Software wird es Teilnehmern über sog. „White Boards" ermöglicht, Visualisierungen zu erstellen und Notizen, Skizzen und Zeichnungen allen Teilnehmern online sichtbar zu machen. Dadurch lassen sich auch Techniken wie die *Punktbewertungsmethode*, das *Brainstorming*, die *Kartenabfrage*, der *Tätigkeitskatalog* und andere einsetzen. Dazu sollte der Moderator zuerst die Moderationstechnik kurz erläutern und dann erklären, wie das Verfahren aussieht. (Darf jeder selbst etwas ans White Board schreiben oder erfolgt alles auf Zuruf, d. h. der Moderator schreibt als Einziger für alle auf das White Board?)

Anonymität (z. B. bei Abstimmungen oder bei der Kartenabfrage) kann durch sogenannte „Flüsterchat-Fenster" gewährleistet werden. In diesem Falle sammelt der Moderator die Vorschläge der Teilnehmer nur für ihn sichtbar ein und stellt die Ideen oder das Ergebnis anschließend allen über das White Board zur Verfügung.

Für spezielle Funktionen (z. B. kleine Umfragen, Abstimmungstools, Online-Präsentationen am Bildschirm u. ä.) gibt es spezielle Konferenzsoftware. Voraussetzung für die gemeinschaftliche Nutzung ist hier allerdings die Installation der Software auf den Rechnern aller Teilnehmer.

Für viele Funktionen lassen sich mittlerweile zumeist kostenlose Angebote im Internet finden, bei denen die Teilnehmer gesonderte Moderationsfunktionen über Webseiten realisieren können.
Einen buchstäblich „virtuellen Konferenzraum", in dem sich die Teilnehmer in Gestalt sog. „Avatare" (d. h. personalisierter virtueller Figuren) in einem wie ein normaler Sitzungssaal aussehenden virtuellen Zimmer treffen (inklusive Sitzordnung und großer Leinwand zur Darstellung von Inhalten oder Präsentationen) bietet beispielsweise die Internetplattform „Second Life".

Abschluss

Zum Abschluss einer Telefonkonferenz gehört wie bei jeder normalen Besprechung auch:

- die Zusammenfassung der getroffenen Entscheidungen und Ergebnisse,
- die Überprüfung und Klärung noch offengebliebener Punkte,
- ein Rückblick und Feedback der Teilnehmer hinsichtlich ihrer Zufriedenheit mit dem Verlauf und dem Ergebnis der Besprechung, sowie
- der Ausblick auf die weiteren Schritte und Informationen über die Versendung des Protokolls.

Nachbereitung

Für Telefonkonferenzen gelten die gleichen Regeln bei der Nachbereitung wie für alle anderen Besprechungen, Workshops und Sitzungen auch (siehe Kapitel 2.5).

Literatur

Albers, O.: Zukunftswerkstatt und Szenariotechnik. Schnell und innovativ die Unternehmenszukunft gestalten, Regensburg 2001.

Brassard, M.: The Memory Jogger Plus+ – Featuring the Seven Management and Planning Tools, Methuen, Mass. 1989.

Brassard, M., Ritter, D.: Der Memory Jogger II, Bremen 1996.

Donnert, R.: Am Anfang war die Tafel ...: Praktischer Leitfaden für Moderation, Seminar, Vortrag, Lehrgespräch und Unterweisung, München 1990.

Gogoll, A.: Management-Werkzeuge der Qualität, in: Die Hohe Schule des Total Quality Management, hrsg. v. Kamiske, G. F., Berlin 1994, S. 370–383.

Gogoll, A., Theden, P.: Techniken des Quality Engineering, in: Die Hohe Schule des Total Quality Management, hrsg. v. Kamiske, G. F., Berlin 1994, S. 329–369.

Gogoll, A., Theden, P.: Handbuch Qualitätstechniken, Berlin 1994.

Hummel, Th., Malorny, C.: Total Quality Management, 3. Aufl., München 2002.

Klebert, K., Schrader, E., Straub, W.: ModerationsMethode, 3. Aufl., Hamburg 2006.

Knieß, M. Kreatives Arbeiten, München, 1995.

Linneweh, K.: Kreatives Denken, Rheinzabern 1984.

Lipp, U., Will, H.: Das große Workshop-Buch, Weinheim 1996.

Malorny, C., Schwarz, W., Backerra, H.: Die sieben Kreativitätswerkzeuge, in: Reihe Pocket Power, 3. Aufl., hrsg. v. Kamiske, G. F., München 2007.

Rachow, A.: Sichtbar. Die besten Visualisierungs-Tipps für Präsentation und Training, 8. Aufl., Bonn 2006.

Schaude, G.: Kreativitäts-, Problemlösungs- und Präsentationstechniken, 2. Auflage, Eschborn 1992.

Schnelle, E. (Hrsg.): Neue Wege der Kommunikation: Spielregeln, Arbeitstechniken und Anwendungsfälle der Metaplan-Methode, Königstein/Ts. 1978.

Streibel, B. J., Joiner, B. L., Scholtes, P. R.: The Team Handbook, 3. Aufl., Madison, WI 2003.

Seifert, J. W.: Visualisieren – Präsentieren – Moderieren, 23. Auflage, Speyer 2007.

Theden, P., Colsmann, H.: Qualitätstechniken, in: Reihe Pocket Power, 4. Auflage, hrsg. v. Kamiske, G. F., München 2005.

Tomys, A.-K.: Kostenorientiertes Qualitätsmanagement, München 1995.

Anhang

Für Qualitätsverbesserungsprozesse in Unternehmen existieren noch eine Reihe weiterer vertiefender Analyse- und Aufbereitungsmethoden, die den speziellen Anforderungen von Team-Moderationen in technischen Umgebungen gerecht werden. Dazu werden die folgenden beispielhaften Techniken in alphabethischer Reihenfolge knapp vorgestellt:

- Datenblatt (Aufnahmebögen)
- Histogramm
- Prozessfähigkeitsuntersuchung
- Regelkarten
- Streuungsdiagramm
- Trendextrapolation

Datenblatt (Aufnahmebögen)

WORUM GEHT ES?

Datenblätter oder auch Aufnahmebögen dienen der Ermittlung und Dokumentation von Daten (z. B. Fehlern) nach Art und Größe. Als statistische Erfassung von Vergangenheitswerten oder Zustandsgrößen lassen sich hieraus Trendverläufe oder Muster ableiten. Gebräuchliche Formen von Datenblättern sind u. a. Fehlersammelkarten und Checklisten.

WAS BRINGT ES?

Ergebnis dieser Technik ist eine tabellarische Auflistung von Merkmalen mit ihren jeweiligen Ausprägungen. Die gewonnenen Daten können als klare und definierte Ausgangsbasis für die weitere Diskussion eingesetzt werden.

WIE GEHE ICH VOR?

1) Zunächst müssen die zu betrachtenden Merkmale und ihre Ausprägungen bestimmt werden. Dies können sowohl Ereignisse als auch Zustandsgrößen sein. Im Zweifel sollten lieber mehr als zu wenige Daten erhoben werden – ein nachträgliches Filtern von Variablen ist wesentlich einfacher als eine zusätzliche spätere Erfassung.
2) Bei der Festlegung des Messverantwortlichen ist neben seiner fachlichen Kompetenz auch seine zeitliche Verfügbarkeit zu beachten, um keinen unnötigen Zeitverzug zu riskieren. Weiterhin wird der zeitliche und räumliche Umfang der Erhebung festgelegt.
3) Das zu erstellende Datenblatt sollte mit Freiräumen für alle wesentlichen Informationen versehen werden. Darunter sollten folgende Punkte enthalten sein:

Basisinformationen	Messinformationen
Projektname	Spalte mit Merkmalen
Bearbeiter	Spalte mit Ausprägungstyp (z. B. Datum)
Ort	Zeilensummen
Datum	Spaltensummen
	Gesamtsumme

4) Mit der Datenerfassung und dem Eintragen in die Erfassungsbögen wird diese Technik abgeschlossen.

Stärken/Schwächen

Die Handhabung des Datenblatts ist sehr einfach. Durch gezielte Erhebungen können in kurzer Zeit die ein Problemfeld oder eine Aufgabe betreffenden Daten ermittelt werden.

Schwierigkeiten treten zumeist bei der Auswahl der Merkmale und Ausprägungen auf. Die Erstellungsphase sollte daher von erfahrenen Mitarbeitern durchgeführt, zumindest aber begleitet werden.

Die Aufnahmebögen sollten möglichst einfach zu handhaben, dem Problem angemessen und weitgehend formalisiert sein.

Produktnummer: 0098745-6 Ort: Ebene 4
Produktbezeichnung: Toaster Prozess: Endmontage

Monat:	Januar			
Fehler:	2.	3.	4.	Summe
Kratzer	~~IIII~~ I	IIII	~~IIII~~ I	16
Korrosion	II	~~IIII~~	I	8
Lackfehler	III	I	III	7
Risse		II	I	3
Sonstiges	III	I	I	5
Summe	14	13	12	39

Prüfart: Stichprobe je Tag 30 Stück
Uhrzeit: 10.00-13.00 Uhr
Datum: 2. bis 4. Januar 2007
Prüfer: Schulze

Bild 35: *Beispiel für ein Datenblatt*

Histogramm

WORUM GEHT ES?

Ermittelte Daten werden mittels eines Säulendiagramms, dem Histogramm, zusammengefasst, klassifiziert und in Form einer Grafik dargestellt.

WAS BRINGT ES?

Ein Säulendiagramm mit den Häufigkeitsverteilungen der zu Klassen zusammengefügten Daten vereinfacht den Umgang mit großen Datenmengen; die kritischen Werte lassen sich aus der Darstellung leicht entnehmen.

WIE GEHE ICH VOR?

1) Zunächst müssen die Maßeinheiten und Klassen festgelegt werden.
2) Die Datenerhebung kann mittels *Datenblatt* durchgeführt werden. Um eine gewisse statistische Sicherheit zu gewährleisten, sollten wenigstens 50 bis 100 Daten erhoben werden.
3) Die erhobenen Daten werden den vorgegebenen Klassen zugewiesen. Die Häufigkeit der einzelnen Werte innerhalb der Klassen ergibt die Höhen für die jeweiligen Säulen im Histogramm.
4) Das Histogramm wird als Säulendiagramm erstellt. Auf der Abszisse werden dabei die Werte der einzelnen Klassen eingetragen, auf der Ordinate die Häufigkeit.

Stärken/Schwächen

Die Technik lässt sich einfach und rasch anwenden.

Klasse j von ... bis unter ...	Klassenhäufigkeit h_j
000 – 100	10
100 – 200	20
200 – 300	40
300 – 400	50
400 – 500	30
500 – 600	20

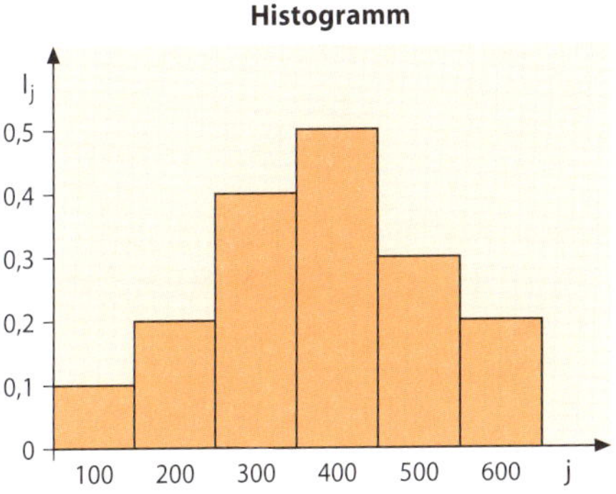

Bild 36: *Beispiel für ein Histogramm*

Prozessfähigkeitsuntersuchung

WORUM GEHT ES?

Die Prozessfähigkeitsuntersuchung erbringt den Nachweis, dass keine systematischen Fehler auftreten, der Prozess somit beherrscht wird. Dabei wird das Langzeitverhalten eines Prozesses bezüglich seiner Fähigkeit, innerhalb von vorgegebenen Sollwerten zu arbeiten, untersucht. Man unterscheidet c_p = Toleranzbreite/Streubreite von c_{pk}, mit dem die Mittenverschiebung der Normalverteilung berücksichtigt wird.

WAS BRINGT ES?

Der c_p- bzw. der c_{pk}-Wert als Beurteilungswert der Prozessfähigkeit wird berechnet.

WIE GEHE ICH VOR?

1) Zuerst wird das Qualitätsmerkmal festgelegt, das statistisch geregelt werden soll.
2) Aus dem laufenden Prozess werden in der Regel in einem definierten zeitlichen Abstand 25 Stichproben mit fünf Einheiten entnommen.
3) Der Prozessmittelwert und die Streuung werden berechnet.
4) Anschließend werden die Prozessfähigkeitskennzahlen c_p und c_{pk} ermittelt. Die Toleranzbreite des Prozesses ist dabei die Differenz zwischen den gegebenen Toleranzgrenzen „Obere Toleranzgrenze" und „Untere Toleranzgrenze". Die Streubreite wird durch die sechsfache Standardabweichung wiedergegeben.

Man spricht in der Regel von einem fähigen Prozess, wenn $c_p > 1{,}33$ ist. Ist auch der $c_{pk} > 1{,}33$, der Mittelwert der Verteilung also nahe der Toleranzmitte, so ist der Prozess zusätzlich beherrscht. Die Tendenz in der Praxis geht aber dahin, Werte von mindestens 1,67 zu fordern. Dadurch wird angezeigt, dass der Prozess auf längere Sicht die an ihn gestellten Qualitätsanforderungen erfüllen kann. Prozesse mit $c_{pk} < 1{,}33$ oder gar < 1 sollten nicht angefahren werden. Sollte es dennoch getan werden, sind die gefertigten Werkstücke auf gut/schlecht zu sortieren.

Werden die Fähigkeitswerte nicht erreicht, muss der Prozess hinsichtlich der Ursachen untersucht und verbessert werden. Hierzu bieten sich die elementaren Qualitätswerkzeuge Q7 an (siehe auch Pocket Power „Qualitätstechniken“). Die Fähigkeitsuntersuchung ist danach erneut durchzuführen.

Beispiel	Prozessfähigkeitskennzahl	Beurteilung
1. 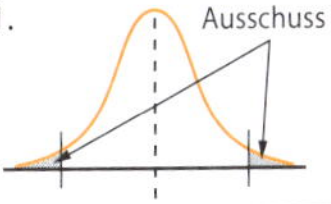	$c_p < 1$	keine Prozessfähigkeit, hoher Ausschussanteil
2. 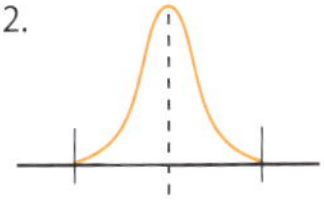	$c_p = 1$	keine Prozessfähigkeit, bei genauer Zentrierung kaum Ausschuss (0,27% = 2700 ppm)
3. 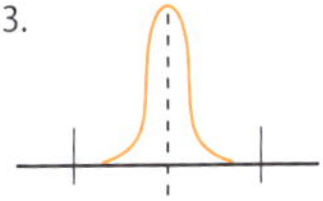	$c_p > 1{,}67$	sehr gute Prozessfähigkeit, statistisch kein Ausschuss vorhanden
4. 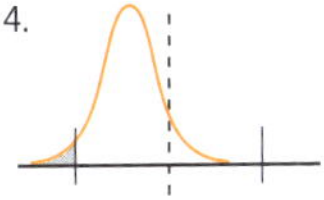	$c_{pk} < 1$	keine Prozessfähigkeit, Prozess ungenügend zentriert, Ausschuss
5. 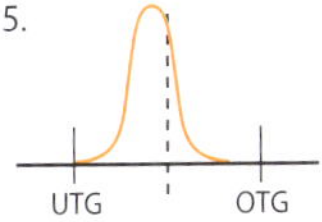	$c_{pk} > 1{,}33$	gute Prozessfähigkeit, Prozess genügend zentriert, geringer Ausschuss
6. siehe 1. – 3.	$c_p = c_{pk}$	Prozess genau auf der Mitte der Toleranzbreite eingestellt

Bild 37: *Darstellung verschiedener Prozessverläufe und deren Prozessfähigkeitskennzahlen*

Regelkarten

WORUM GEHT ES?

Wenn eine Vollprüfung durch statistische Prozessregelung ersetzt werden soll, kommen Regelkarten zum Einsatz. Mit diesen lassen sich Prozesse über ihren zeitlichen Verlauf beobachten und regeln. In eine Regelkarte werden statistische Größen wie z. B. Mittelwerte und Streuungen von Stichproben eingetragen. Man unterscheidet variable (gemessene) und attribute (beurteilte) Werte.

WAS BRINGT ES?

Für die einzelnen Prozesse lassen sich die Mittelwerte und Streuungen grafisch darstellen. Aus dem Verlauf kann bei ersten Anzeichen eines Fehlers in den zu beobachtenden Prozess eingegriffen werden. Dadurch lässt sich z. B. Ausschuss vermeiden.

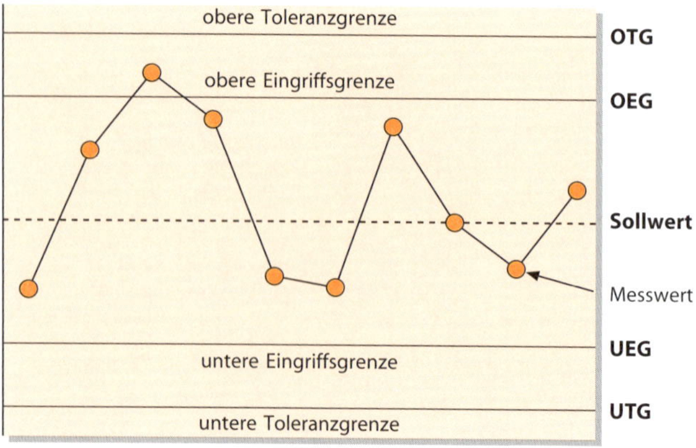

Bild 38: *Schema für eine Regelkarte*

WIE GEHE ICH VOR?

1) Auf Grund der großen Anzahl von Regelkarten muss zunächst die Auswahl einer geeigneten Regelkarte für den zu beobachtenden Prozess erfolgen.
2) Im zweiten Schritt werden die Randbedingungen festgelegt, z. B. die Stichprobengröße, die Aufnahmehäufigkeit usw.
3) Berechnen statistischer Größen.
4) Berechnen der Mittellinie und Eingriffsgrenzen.
5) Erstellen der endgültigen Regelkarte.
6) Führen der Regelkarten.
7) Interpretieren der Regelkarte.

Stärken/Schwächen

Regelkarten bieten die Möglichkeit, Fehlern präventiv zu begegnen.

Streuungsdiagramm

WORUM GEHT ES?

Die Zusammenhänge zwischen zwei Variablen bezüglich einer positiven, negativen oder neutralen Korrelation werden mit dem Streuungsdiagramm aufgezeigt.

WAS BRINGT ES?

Die Grafik ermöglicht einen schnellen Überblick über die Beziehungen.

WIE GEHE ICH VOR?

1) Zuerst werden die beiden zu betrachtenden Variablen festgelegt.
2) Es folgt eine Datenerhebung von mindestens 50 bis 100 Einzelwerten. Eine geringere Zahl von Werten würde die statistische Absicherung des Ergebnisses kaum gewährleisten.
3) Die ermittelten Werte werden in ein Koordinatensystem eingetragen. Dabei wird eine Variable auf der X-Achse, die andere auf der Y-Achse aufgetragen.
4) Das Diagramm wird interpretiert und die entsprechende Korrelation bestimmt.

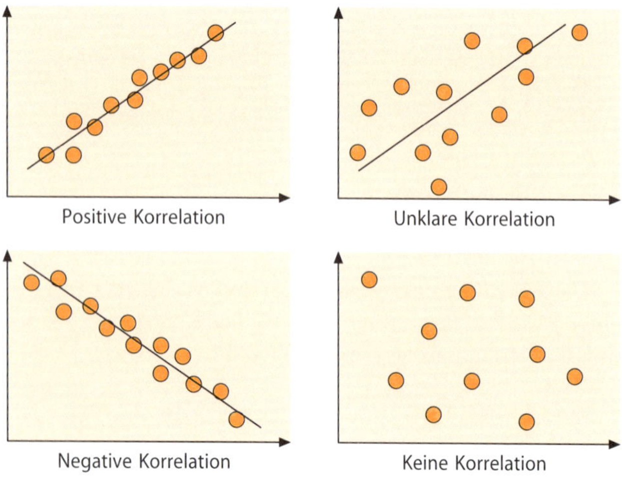

Bild 39: *Streuungsdiagramme*

Trendextrapolation

WORUM GEHT ES?

Wenn bei einer als konstant anzunehmenden Umgebung eine kontinuierliche Entwicklung zu erwarten ist, kann die Informationsgewinnung über künftige Zustände einer Variablen auf Basis von Vergangenheitswerten erfolgen.

WAS BRINGT ES?

In einer grafischen Darstellung werden die zukünftigen Werte beschrieben. Anhand dieser kann auf zukünftige Entwicklungen geschlossen werden.

WIE GEHE ICH VOR?

1) Zunächst werden statistische Vergangenheitswerte erhoben.
2) Die vorgegebenen Punkte der Zeitreihe werden mit der Methode der kleinsten Quadrate in eine Näherungsfunktion umgewandelt.
3) Die Werte für den zu prognostizierenden Zeitraum lassen sich mit der Näherungsfunktion berechnen. Auf Grund eines dynamischen Umfelds sollte nicht um mehr als 20 bis 30 % extrapoliert werden.

Stärken/Schwächen

☺ Die Trendextrapolation ist sinnvoll und vor allem bei kurzfristigen Prognosen einsetzbar. Ergebnisse lassen sich einfach berechnen.

☹ Nur bei stabilen Prozessen ist der Einsatz dieser Technik zweckmäßig. Bei langfristigen Prognosen werden die erzielbaren Ergebnisse ungenau.

HANSER

Erfolgreich Ideen finden.

Malorny/Schwarz/Backerra
Kreativitätstechniken
128 Seiten.
ISBN 978-3-446-41233-0

Kreativität ist in jedem innovationsgetriebenen Wirtschaftszweig eine Schlüsselressource. Nutzen Sie sie effektiv! Hier finden Sie:

- Alle wichtigsten Kreativitätstechniken und ihr optimaler Einsatz
- Tipps zur Aktivierung Ihres persönlichen kreativen Potenzials
- Zahlreiche Abbildungen

Mehr Informationen zu diesem Buch und zu unserem Programm unter **www.hanser.de/wirtschaft**

HANSER

Wie kann ich Ihnen helfen?

Brunner

Die Kunst des Fragens

128 Seiten. 2. Auflage

ISBN 978-3-446-41244-6

Richtig Fragen ist eine Kunst für sich, wer diese Kunst beherrscht, gehört zu den Gewinnern! Dieser Band zeigt, welche Fragen wann wie eingesetzt werden können und welchen Effekt sie beim Gesprächspartner erzielen. Mit vielen praktischen Übungen.

Mehr Informationen zu diesem Buch und zu unserem Programm unter **www.hanser.de**

HANSER

So werden Sie der Herr der Emotionen!

Schöll/Brunner
Emotionen managen
128 Seiten. 2. Auflage
ISBN 978-3-446-41248-4

Emotionen bestimmen unser Handeln, und nur wer dies in der täglichen Arbeit berücksichtigt, kann seinen beruflichen Alltag bewältigen. Das Buch richtet sich an alle, die lernen wollen, erfolgreich mit den eigenen Emotionen und den Emotionen anderer umzugehen.

Mehr Informationen zu diesem Buch und zu unserem Programm unter **www.hanser.de**

HANSER

Schnellkurs zum Texten!

Reiter/Sommer
Perfekt schreiben
128 Seiten. 2. Auflage
ISBN 978-3-446-41247-7

Es gibt kaum eine Arbeit, bei der sicheres Schreiben nicht verlangt wird. Die Autoren erläutern, wie man klar pointiert und flüssig Konzepte, Vorlagen, Protokolle und Presseinformationen schreibt und geben direkt in die Praxis umsetzbare Tipps.

Mehr Informationen zu diesem Buch und zu unserem Programm unter **www.hanser.de**

HANSER

Pocket Power – praxisnah.

Müller-Prothmann/Dörr
Innovationsmanagement
Strategien, Methoden und Werkzeuge für systematische Innovationsprozesse
128 Seiten
ISBN 978-3-446-41799-1

Dieses Buch vermittelt praxisnahes Wissen für ein systematisches Innovationsmanagement.

Werkzeuge und Methoden für die Unterstützung des gesamten Innovationsprozesses werden sowohl für den Einsteiger wie für den Experten verständlich dargestellt.

Mehr Informationen zu diesem Buch und zu unserem Programm unter **www.hanser.de**